闲读防事故

蒋承浚 编著

图书在版编目(CIP)数据

闲读防事故 / 蒋承浚编著. —杭州 ：浙江工商大学出版社，2017.1(2017.9 重印)

ISBN 978-7-5178-1843-4

Ⅰ. ①闲… Ⅱ. ①蒋… Ⅲ. ①事故预防—普及读物 Ⅳ. ①X928.03—49

中国版本图书馆 CIP 数据核字(2016)第 237302 号

闲读防事故

蒋承浚 编著

责任编辑	王黎明
封面设计	林朦朦
插图设计	叶泽雯
责任印制	包建辉
出版发行	浙江工商大学出版社 (杭州市教工路 198 号 邮政编码 310012) (E-mail:zjgsupress@163.com) (网址:http://www.zjgsupress.com) 电话:0571-88904980,88831806(传真)
排　　版	杭州朝曦图文设计有限公司
印　　刷	浙江新华数码印务有限公司
开　　本	880mm×1230mm 1/32
印　　张	10.75
字　　数	198 千
版 印 次	2017 年 1 月第 1 版 2017 年 9 月第 2 次印刷
书　　号	ISBN 978-7-5178-1843-4
定　　价	28.00 元

浙江工商大学出版社营销部邮购电话 0571-88904970

前　　言

因无知造成的小小失误，可导致重大灾难。例如冬天将婴儿衣服袖口用橡皮筋扎紧以保暖，不料次日因血液循环受阻以致婴儿两手坏死，必须截断。又如在车内睡觉，因一氧化碳积累而丢了命。真是得不偿失。这种事故使人十分痛心，却时有发生。本书将类似的一些事故分类编辑，加上易查的目录，希望人们在空闲时能随便翻翻，逐渐积累一些重要的预防知识，以防患于未然。这些事故内容多数来自杭州市的电台与电视台的新闻节目，编者听后、看后凭记忆将认为重要的部分做了摘记，所以与原来内容可能会有出入，因此将原来的地名人名略去，内容简化，以免引起误解，因本书目的是希望读者从事件中得到预防知识，而不是了解某一具体事件。本书根据事故内容分成21个部分，总目录位于书的开头，每个部分含有主副两种目录，它们之间用线条隔开。主目录为该部分的内容，随后的是副目录，为在其他部分的与该部分相关的内容，其牵涉面甚广，这点有待在使用中去进一步简化与完善。每条内容的标题前有英文字母与数字的组合，如a01—01，表示a册第一部分的第一条。编者初次编这样的书，不妥之处在所难免，希望能得到大家的谅解和帮助。

作者

2016年9月1日

总目录

a01. 儿童(93条)

a01　儿童　目录

a01

a02—12　夺命麻团

a02—13　面疙瘩行凶

a02—14　暴食腊味饭

a02—15　危险的枣核

a02—16　暴食柿饼的后果

a02—30　焦虑引发的心脏病

a06—21　撞车撞墙撞小孩

a11—01　小女孩举炊

a14—02　盲目补充维生素 A

a16—15　宠物与疾病

a19—01　糖果陷阱

a19—34　骗走小孩的女骗子

a01—01 表面平静的水下陷阱

20 世纪 60 年代的一个夏天，绍兴东湖边有个妇女对着水面上漂浮的一只木盆哭泣，盆里插着点燃的蜡烛，原来她在哭祭溺亡的儿子。绍兴属于水网地带，到处是河流，溺水事件时有发生。尤其是会一点游泳的小孩，暑假期间出事的最多。看似平静的河面，哪知水下暗藏着多少凶险。被水草缠住，被石缝卡住，被暗流或漩涡带走，陷入淤泥或者发生抽筋，都可能导致灭顶之灾。还有，岸边小孩随便伸手去拉落水同伴，会导致好几个手拉手成串溺亡。每年暑假来临，为了防止这种悲剧的重演，学校、家长和市政管理部门等通过多种途径，让小孩了解形形色色的溺水事件，无疑是十分必要的。

a01—02 涉水过河遇陷阱

2011 年夏，贵州某地，四个小学生放学回家，途经一条河沟时，正逢大雨，山洪暴发。他们正要过河时，被村民制止，要他们等雨小了再走。但那村民离开后不久，这些小孩就冒着暴雨过河，结果都被急流冲走，无一生还。这事件发生后不久，贵州另一地方，又发生了七个小学生涉水过河被洪水卷走的事件。其中四人得救，其余三人溺水身亡。由此看来，上面的四人溺水事件并不能使人们及时有效地从中吸取教训，换言之，水中的险情常因被人低估而做出错误的选择。所以，我们应该对水下潜在的众多危险有充分的认识，宁可舍近求远，多花时间等待或绕道而行，以保安全。

也是2011年夏天，内蒙古某地也有一起类似的溺水事件。一个少年回老家探望亲戚，因想抄近路，便与同行三人涉水过河。该处原有一条路，水浅时可过去，岂知因前几天下过雨，又挖过河沙，水深又

急,他蹚至河中间时,瞬间被淹没,他的同伴束手无策。农村里涉水过河原是常见事。有一年,编者出差去离新昌不远的一个单位,就见到过这种情况。当编者绕远路向河对面的那个单位走去时,看到在这条河的浅水地段有一个小女孩,她从容地把脱下的衣裤按在头顶上,蹚水过河。可见这种过河方式人们早已习惯。河流被挖沙又逢下雨,危险程度陡然增加,如行人不觉察,悲剧也就难以避免。

a01—03 河边钓虾反被虾“钓走”

夏天除了在河里戏水外,河边钓虾也是小孩很喜欢的活动,这其中同样隐藏着极大的危险。2006年4月底,正是暮春时节,天气有时也会相当闷热。一天,在杭州市区边缘地区的一个水塘里,一只废弃的水泥船上,有三个男孩正在聚精会神地钓虾。由于他们精神过于集中,以致顾此失彼,导致船失去平衡侧翻,结果三人落水,被困于船下淹死。其中一人虽会游泳,也难逃此劫。直到第二天,人们才发现他们已溺水身亡。2011年7月的一天,浙北某地,一个12岁男孩和他的两个妹妹在河边钓虾,突然看到有条小鱼,便伸手去抓,不料失足落水。由于地势太陡，无法爬出水面。等到通知父亲来到河边，再报警后施救，时间已经过去好久，最终找到小孩并将他打捞上岸时，已无力回天。不难想象，小孩钓虾时离水边一定很近，由于滩陡地湿，落水的事故更易发生，所以比用钓鱼竿垂钓要危险得多。

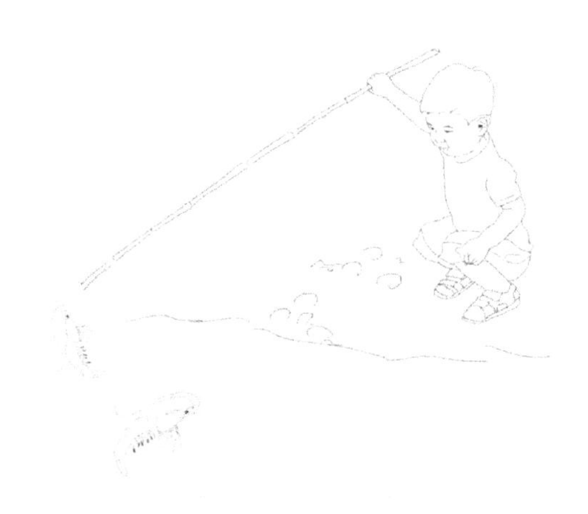

a01－04　小孩易隐瞒溺水事故

小孩瞒着大人，擅自去河里游泳，等到出了溺水事故后，其余小孩往往惊慌逃离，甚至向大人隐瞒真相，以免遭打骂，从而延误了施救时机。如 2011 年夏天，台湾某地靠近出海口的一条溪流中，有八九个小孩在戏水。由于前几天挖过沙、下过雨，有些地方水深又急，其中一个小孩被冲走。其余人见状吓得一哄而散，不敢告诉家人，有人甚至还隐藏了他的衣服。等到这小孩家里久等他不归而报警时，早过了有效的抢救时间，最后连尸体都没有找到。

类似的例子还不少，2006 年 8 月初，杭州运河边有一个男孩不幸溺水，同在一起玩的另外两个小孩见状就惊慌逃离，并将其衣服藏匿。等到溺水小孩家发觉并进行打捞时，已经过去了很长时间，最后只捞到了尸体。2006 年 8 月下旬，杭州市萧山也有三个男孩在河边玩耍，其中一个不慎落水，其余两个也惊慌逃离，不敢告诉大人，以至到第二天才捞到尸体。由此可见，北宋大臣司马光，七岁时在其他小孩惊慌逃离的情况下，砸缸放水，使缸中的溺水小孩得救，这种行为真是了不起。

a01—05　深坑水坑了人

2006 年冬，余杭某建筑工地上，一个小孩跌入露天石灰池中，等到被救起时已严重烧伤。也是这个时节，杭州另一建筑工地上，一个深坑积满了水，两个小孩不慎跌入后皆淹死。仔细想想，这些事故原是能够预料到的，而且采取一些相应的防范措施也不是很难。这些“陷阱”估计以后还会出现，所以仍得依靠家长时刻保持警惕,不忘叮嘱小孩。

a01—06 水上餐馆的遭遇

2007年夏天,浙江一旅游点的湖边设了多家水上餐馆,平台与岸边约有20厘米的间隙,顾客只要上去,即可一边欣赏湖上景色,一边享受美味佳肴。有一天,一个三岁小孩,在岸边跟随大人跨上一家这样的餐馆时,不慎从间隙中掉到了水里。刹那间,游客的亲骨肉消失得无影无踪。那餐馆没有准备救生器具,工作人员也不会游泳,附近也没有人能下去抢救。大约过了半小时,才找来了一个渔民下去打捞。小孩很快被找到,但已回天乏术。对于经营者来说,开动脑筋,发掘旅游新项目是好事。但同时游客的安全保障措施必须完善,不留丝毫隐患,否则麻烦迟早会找上门来。从这起事故也可以看出,大人照看小孩,应该如履薄冰,否则一不小心,就会祸从天降,遗恨终生,所以容不得半点疏忽。

a01—07 围墙内的"城河"

杭州庆春门外,有一道两米高的围墙,围墙内有一条很像护城河的水沟。一户三口之家住在那里。有一天,老公上班去了,妻子在家里边做针线活边看管小孩。她忙了一阵后,发觉小孩已不在身边,便出去四处寻找。最后在那水沟里发现了他,但人已经不行了。小孩的父亲悲痛地将他搁在自己的肩上,来回走动,希望能倒出腹中的水,但孩子最终还是没有救活。对于三岁小孩而言,一条水沟正像一条大河那样危险,可是为何事先没有人想到!此后不久,这条水沟就被填平了。

a01－08　如此小“勇士”

2008 年 5 月初,三个小孩在杭州的一条河边玩耍。“谁敢下去谁最勇敢。”其中一个这样鼓动性地说。于是一个七岁男孩就扑通一声跳入河中,但就此消失了踪影。其余两个小孩见状马上去找大人求救,随即打了 110 电话。但后来下去施救的人探知,该处水深达两米多,表面看似平静,下面却是水流湍急,人都站不稳。不久来了个蛙人下去搜索,也没有找到。直到数小时过去后,才在另一地点发现了小孩尸体。无独有偶,2007 年 7 月初,山东某地也发生了类似的事故。这天下午,四个小孩在河边玩耍。

“谁敢下去就给他五元钱。”其中一个这样提议。一个 13 岁的小“勇士”随即跳入水中，但就此一去不返。当地许多村民立刻下去打捞，却无结果。半小时后，才在下游不远处找到，但已无法救活。原来这条河因为前几天下过雨，水流湍急，小孩冲走时被岸边伸入河中的树枝挡住，才得以在该处找到。

少年血气方刚，涉世不深，易莽撞惹事。从上面的几起溺水事故中还可以看出，水面看似平静，水下却多急流，不要说少年，就是成年人这么鲁莽地往水中一跳，就此走上不归路的也并不罕见。

a01—09　绿萍塘边

2010 年夏天，一对 12 岁和 6 岁的兄妹，从安徽老家高高兴兴地来到杭州父母处，准备过上一个快乐的暑假。父母白天上班，两个小孩就在住所周围的社区内到处游荡。这一天，夫妻俩下班后，一直不见小孩回来。四处寻找无着落后，便着急报警。后来民警在一个水塘边发现了小孩的鞋子，等到塘内的水被抽干后，两小孩的尸体也终于出现。

这个社区在近郊，水塘不少。近来连日大雨，水很深。塘内长满绿萍后，傍晚光线暗，水面难以与周围的草地区分。两个小孩初来这里,因地形不熟而跌入塘中。要是父母能早一点意识到这潜在的危险,该有多好!

a01—10 菱桶事故

菱桶是人们在菱塘里采菱用的一种大木桶,这种木桶过去也广泛用作市场上的鱼桶和家里的洗澡盆。一个小孩却在菱桶里落水出了事。事情发生在“二战”以前湖州地区的一个镇上,小孩家里有一池水塘和不大的花园。这一天,小孩坐在水塘里的菱桶中玩水,他母亲在旁边看着。显然这不是第一次这样玩,过去也没有出过事,但这次小孩却从菱桶中掉到了水里。他抓不到那菱桶,也不会游泳。他母亲急忙递过去一根竹竿想让他抓住,但不够长。她也不会游泳,附近也没有人家可呼救,眼睁睁看着儿子沉入水中。编者是上面这家人的亲戚,小时候听大人讲了这故事,也去过这宅院。那水塘原是个又深又大的鱼塘,主人为了观赏目的而保留了它,想不到成了祸根。

a01—11　游泳池里的麻烦

前面的“涉水过河遇陷阱”事件里，几个小孩对大人的警告理解不深，擅自行动而遭难。更为麻烦的是，有时小孩会产生逆反心理，你说东，他暗地里偏往西。下面就是一例。

2010年夏天，杭州某地一个暑期学习班的老师带了一群小孩在社区游泳池的浅水区教游泳。其中一个小孩擅自潜游到了深水区，最终溺水。该小孩被发现后，抢救了数小时还未脱离生命危险。不管小孩如何顽皮，出了事老师都负有无法推卸的责任。这里又一次表明，在一些重要场合，对小孩的口头关照往往是不够的，大人应该对他们监管到底，才不会出错。

2012年7月底，杭州一个小区的游泳池里，晚上又发生了一起6岁男孩溺亡事故。当时有救生员在，小孩家长也在，小孩也带着完好的游泳圈，水深不过1.2米，但却阴差阳错地发生了这种事故，这听起来难以置信。据了解，小孩溺水处离开救生员所在位置虽然不到3米，观察却不是很方便，要低头才能看到，而且该处光线也较暗。当时那小孩的家长还带来一个女孩,她也在游泳,因而分散了注意力。所以家长保持高度警惕才是根本。

a01—12 水池出水口的隐患

2014 年夏天,浙江某地的一家酒店内设置了小型冲浪按摩水池,水深仅 50 厘米。一天,一个旅客的小孩在池内玩耍时,在出水口处被持续向外排出的水流吸住,无力脱开,幸好未酿成严重事故。这是由于出水口的保护网脱落,使手臂或臀部等身体部位被吸住所致。这类事故在疏于管理的游泳池内也发生过,曾导致小孩溺水身亡。万全之策是大人带小孩去游泳池时,应先了解池内出水口的位置,并关照小孩不要靠近。

a01—13 无奈的溺水频发点

2010 年 9 月初,杭州某社区的小河边,一个 5 岁女孩与其堂弟在河边的石级上玩耍时不慎滑落到了水里。堂弟只有 4 岁,等到他想到叫父亲来救时,已经太迟了。女孩的父母是来杭州打工的外地人,出事这天是周日,小孩放假,大人也在家。这河边是事故多发地点，近年来已发生过好几起小孩落水事故，都因抢救及时而未酿成大祸。这种危险地点具有普遍性，除了大人对小孩多加叮嘱与看管外，难有好的防范措施。说到河边的警示牌，如果画有小孩溺水的图，加上具体的事故记录，应该比光有“河边危险”等文字说明更加有效，但这样势必会影响到景观。不过权衡轻重，显然应该使用醒目的警示牌为好。

a01—14　水桶内的小孩溺水

2014 年 9 月初的一天，杭州有一户人家，大人在阳台上忙碌，小孩在房里玩耍。大人听到有异常声响，便入内察看，只见小孩头朝下淹在一只水桶里，拉出水后已经没有了知觉。幸亏后来送医院抢救及时，才没有生命危险。2011 年冬，浙南某地有一户人家，一个小女孩刚满周岁，这天她独自在房间里玩耍，奶奶在厨房里忙碌。后来发现小女孩淹死在一只水桶里。以上事故说明，照顾小孩需要慎之又慎，容不得半点疏忽。

a01—15　工地上的危险陷阱

2010 年秋，在浙江湖州的一个工地上，一个 8 岁小孩不幸掉入了水泥管桩的淤泥中。此管深 19 米，小孩离地面有 10 米。人们试了许多办法，经过 8 小时的努力，才捞出了小孩，此时已无力回天。仔细想想，这种事故事先应该能够预料到的，可是为什么没有及时采取预防措施呢?

a01—16　水泥管陷阱

2006 年春，某地一小孩不慎掉入直径 30 厘米的灌溉井水泥管中。大人不能下井施救，小孩被卡在管中又拉不出来。小孩在管中不断下沉，6 小时后，水已经没到了腰部。幸好后来水泥管被一段段及时取走，小孩才被救了出来。灌溉井只知用而不知防护，差一点成了吞人陷阱。

a01—17 窨井凶险大于河

小小窨井口，小孩一跌入，比河中更危险，可能在污水中淹死，也可能被硫化氢毒死。河里溺水多发生在夏季，而无盖窨井的危险一年四季都存在，而且更加隐蔽。21世纪初，杭州的一个社区里，一个清理窨井的工人暂时离开，没有及时盖上盖子，一个小孩奔跑到这窨井边上时，来不及避开而掉了下去，后来无救。

2008年春天的一个晚上，在杭州靠河边的一块绿化地带里，一个小孩在采摘树上的桃花时不幸跌入一个无盖窨井里。污水很深，水面离地面也较深。小孩被捞出时，浑身沾满了污泥，肚中鼓胀，最终没有救活。由于这无盖窨井隐藏在草丛中，所以难以被发现。尽管随着市政管理部门措施的不断加强，这种事故现在已很少听到，但没有到绝迹的地步，所以家长不能放松对子女的叮嘱。

a01—18 果冻的隐患

儿童吃果冻堵住气管，导致窒息而死的事故不少。如 1999 年初,杭州一婴儿因吃果冻窒息,后来虽送医院抢救,但为时已晚。2005 年初,全国好几个地方仍有类似事故发生。2010 年某地,有人给婴儿喂果冻汁时,其中的菠萝块堵住了婴儿气管。由于经过长时间窒息后才得到抢救,这婴儿可能会有严重的后遗症。小的杯形果冻,小孩吃时将它从包装容器中挤出,吸入口中后,不巧会像塞子那样堵住气管,造成窒息。所以后来出台了强制性产品标准,禁止过小的果冻上市,并在产品包装上告诫家长,莫让 3 岁以下儿童进食。如果把果冻切碎后用匙喂也较为安全,但最好是不吃,因为小的碎块也可能堵塞支气管。例如,上海一吃果冻窒息的小孩已快到 3 岁生日了,所吞食的果冻也是市场上允许的尺寸,所以安全措施不是绝对的,还须家长一直保持高度警惕。人们常说"拼死吃河豚",这里可说是"舍命吞果冻"了。与其让小孩享受却时时让家长提心吊胆,还不如干脆不吃,终究生命无价,没有第二次。

a01—19　一起误食果冻的事故

2012 年 2 月中旬,深圳有个保姆在给 1 岁婴儿喂食果冻时,婴儿不幸气管被堵住,最终窒息而死。

后来她以过失杀人罪被判刑1年6个月。果冻包装上原有说明,3岁以下儿童不宜喂食,保姆未加注意,终致事故。

a01—20　夺命蚕豆与防止误吞异物

这是50年前发生的事。1965年5月的一个傍晚,浙江平湖某地一对年轻的夫妻,正在匆忙赶路。男人双手抱了一个好像睡着的小孩,用近乎哭泣的声音在不停地叫"我的儿子要不行了,救救我的儿子!",两人脸上都显得十分痛苦。原来那小孩吃青蚕豆时不小心堵住了气管,以致无法呼吸。人的脑部缺氧超过四到六分钟,就可能造成无法恢复的严重损伤，所以这小孩肯定是凶多吉少。

除了果冻之外，不到 3 岁的小孩吞食豆类、花生、瓜子、碎骨头、枣核、首饰、大米、药品、硬币、小玩具等时出的事故同样普遍。这些食物堵住气管后，重者窒息而死，轻者出现嘴唇发紫、呼吸困难、气喘、心跳加快、咳嗽、呕吐、发烧等症状，若误认为只是上呼吸道感染，就耽误了及时就医的时机。小孩进食时大哭大笑，或加以不适当地逗弄干扰，也易使食物进入气管。

医生建议，当人们发生这种呼吸道事故时，应及时就医，但实际上往往情况非常紧急，此时家里人自己也应立即采取急救措施，这些急救措施最好是找专业人士学习、掌握。

a01－21　要命的逆反心理

2010年暑假期间，杭州有个读一年级的小男孩单独在家。其母上班前，曾指着桌上的一只雪碧瓶，告诉他瓶里装的是药水，不能喝。岂料后来小孩的逆反心理开始作怪，拿来就喝。这是由于平时大人太多的约束，产生了反感与抵触所致。小孩当面不敢不从，但趁父母不在时，便自由发挥起来，不能喝的偏要喝。结果自然是大人受惊，小孩受罪。还好送医院及时，无生命危险。

a01－22　濒临溺水的母亲

2008年暑假的一天，一个母亲带了还在读小学的儿子游西湖的苏堤，让他体验游览情趣，为写相关的作文做准备，这是开学时必须交的暑假作业。途中母亲去堤边洗手时，一不小心掉进了湖里。儿子看到后并不呼叫人们去救援，任他的母亲在水中挣扎。幸好这时一只游船经过，才将母亲救起。后来人们问这小孩为何不叫人来救，他回答说母亲一死便不会强迫他做作业了。学校里功课的压力，家长和老师的管教,都应该适当。否则,一味的施压,会使一个天真活泼的小孩天天处在沉重的学业负担之中,少有生活乐趣。如此天长日久,幼小的心灵中难保不会产生怪异极端的想法,虽然一般不会有像上述小孩那样可怕的心理。家长应细致入微地关心子女,了解他们在功课或其他方面碰到的具体困难,帮他们一步步解决掉,而非一味地加以训斥和施压,这才是子女们真正希望得到的。2014 年夏天,一个在杭州打工的外地人,因为发现在读小学的女儿抄袭同学的作业,就将她吊起来打,不久女儿因窒息而死。这样的后果简直骇人听闻,但这样懒、严并举的方式未必十分罕见。还有一例,是某地一个男孩,因怕上学,又不堪家长的催逼,服农药自杀了。这些例子虽个别,却多少暴露了一部分小孩内心的困境,值得大人们去关怀、思考和警惕。

a01—23　难产的烦恼

2010 年初,一孕妇在浙江某地的医院产下了一脑瘫婴儿。据称孕妇临产时遇到困难,为了防止婴儿在产道中缺氧致残,孕妇要求剖腹产。但直到次日上午,医生才入产房处置。产下脑瘫婴儿,带给家庭的将是巨大的痛苦和医患之间的矛盾纠纷。

a01—24　小儿麻痹症糖丸

2011年春，浙江某地，一卫生院在给一户人家小儿麻痹症糖丸时，未确切了解婴儿肛周脓肿情况，以致婴儿服用后，产生了脑瘫症状。这种糖丸含有脊髓灰质炎活疫苗，口服后极少数婴儿有可能产生疫苗副反应，以致患上小儿麻痹症。根据了解，很大一部分产生这种反应的婴儿患有肛周脓肿，所以服用前必须确切了解婴儿这方面的情况，容不得含糊。

a01—25　针和牙刷都会吞

1999年春天，杭州一小女孩用缝针剔牙齿时一不小心把它吞了下去。几家医院都不敢动手取针，最后一家医院在工具上加了套管，才将它取出。又有一女孩在刷牙前将牙刷含在口中，一不小心把它吞了下去，真是粗心到家。

a01—26　大吃药片当糖果

2011年夏天，杭州有个1岁多的小孩把奶奶的冠心病药片拿去当糖果吃了,导致血压降低。幸亏后来送医院及时,才未酿成大祸。

a01－27　吞哨子

2006 年冬,浙江有个 4 岁小孩,在用塑料吹气管吹肥皂泡时,管子上的哨子松脱,进入了小孩的气管中,幸亏后来被医生取出。生产厂家在这玩具上标明,3 岁以下儿童不宜玩。但误吞的小孩已有 4 岁,所以这一提醒并不可靠,家长仍需保持警惕。

a01－28　速成脂肪肝

2010 年夏,杭州有个母亲为了奖励儿子取得优异成绩,让他放开肚皮吃了一周汉堡包和鸡腿。结果儿子胃口变差,腹部肥大。后来去医院一检查,方知已得了脂肪肝。

a01－29　石级上跌跤的后果

1998 年,浙江某地,一个妇女带了她 3 岁的儿子来到当地的火车站准备乘车。在候车期间,她让他单独去上厕所。那小孩进去后，不小心踩到了地上的一张卫生纸。由于湿滑跌了一跤，头部不巧撞到了石阶的棱上，当场昏了过去。后来 CT 诊断显示脑部有损伤。医生说若能清醒过来是好事，但瘫痪不能完全排除，智力恢复也会受到影响。这一事故很值得带小孩外出的大人们警惕。

a01—30　车下惊魂

2006 年春天，某地，一个小孩钻到汽车底下玩耍，司机因看不到他而上车发动汽车，幸好小孩未受伤，是虚惊一场。当时小孩的母亲正在家里忙于打麻将。

a01—31　进入驾驶盲区的小孩

2014 年 9 月底的一天，杭州一个 3 岁小孩在地上摆弄他的玩具汽车。正当他埋头将地上的石子捡起来，准备放到自己的车里时，突然旁边的汽车开了过来，将他碾压致死。驾驶员称当时确实没有看到他。原来3岁的小孩下蹲后，就进入了车子的驾驶盲区，驾驶员坐在车内无法看到。这事故说明，开车的驾驶员与小孩的家长，平时应多个心眼，除非在车外装了足够多的摄像头。

a01—32　观光车闯祸

2014年夏的一个假日，在杭州一条步行街上，一观光车司机因有事暂时离开车子，却未拿走车钥匙。此时一个母亲带着3岁的小孩游玩经过这里，见车空着，便让小孩站上去拍照。后小孩不小心踩到了油门，车子就突然向前冲出。此时对面驶来一辆电动车，坐着母子两人。幸亏他们躲避及时，才只受了点轻伤。司机离开时不拔掉钥匙是大忌。抗战前上海曾有一富户，全家乘私车来杭州游玩。司机将车子停在西湖边后，暂时离开了一会，但未切断电源。后来由于车内小孩的拨弄，误碰了油门，车子驶入西湖，导致全家惨遭灭顶。

a01—33 车内的毒气

2004年，浙江某地。有一天，父母去超市内购物，将婴儿放在空调车内。等到回来时，发现婴儿已醒不过来，系空调产生的一氧化碳中毒窒息而死。

a01—34 误打亲子致死

2006年夏，某地，有个父亲为逼3岁的儿子学习而用棒打，不料儿子伤重致死。小孩不听话时父母情绪容易失控，下手过重而伤及要害部位，这种事故并不十分罕见，做父母的应引以为戒。

a01－35　旋转门的隐患

2006年夏，某地，一个4岁小孩的上臂被宾馆里的旋转门卡住，门不能转动，手臂回不出来。几个消防队员给小孩加衣戴帽，然后敲掉门上玻璃，但手臂仍无法脱出。最后将气垫塞进门缝，充气后门缝被扩大，小孩才得救。手臂被卡住了约1小时，幸无大碍。

a01－36　铜螺帽戒指

2006年夏，浙江某地，一小孩在家中把一只铜螺帽当戒指戴在手上玩，后来因手指肿胀而取不下来。出事后先求助医院，但无法解决，便转而求助消防队员。他们来到后，一边用冷的棉块使螺帽降温，一边用钢锯在螺帽上锯出缝道。等锯到足够深后，在手指表面盖上钢片作为保护，再加上油后继续操作，直至完全锯开，再用两根钢丝与扩张器相连将螺帽拉开，一共花去了5个小时。

a01－37　洗衣机的隐患

2007年初，浙江某地，有一户居民，这天主妇外

出,只有保姆与小孩两人在家。保姆把一件衣服放入洗衣机,接通电源后,就上厕所去了。此时小孩把一只手伸进洗衣机中,结果中指被滚筒轧断。照顾小孩需要寸步不离,分秒不能放松警惕,否则就可能出事。这种例子太多了。

a01－38　洗衣机里躲猫猫

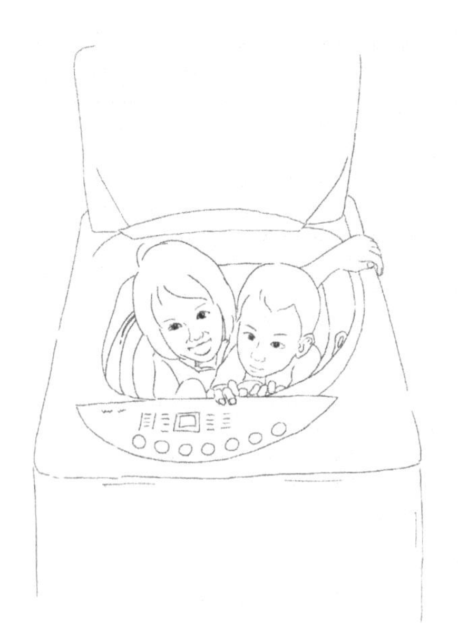

2014 年 10 月初,杭州某地,一户人家的小孩与别的孩子玩躲猫猫时,想躲入洗衣机,不料人不能完全躲进去,屁股露在外面。此时人已被卡住,动弹不得,只好大声呼救。消防队员来了,只能使用多种工

 具把洗衣机逐步弄碎，最后使用液压钳扩张里面的部分，才把小孩救出。全家惊魂一场。

01—39　铁板咬住手指

2007 年初，杭州某地，一小孩与其母乘公交车时，把手指伸进了座位前面铁板的孔中，无法拔出来，只好向消防人员求救。他们来到后，用了好几样工具，在铁板上开了一个大孔，再用老虎钳折裂铁板，手指才得以脱出，幸好无大碍。

01—40　易拉罐卡舌

2010 年 8 月，四川某地，一小孩将易拉罐内的饮料喝完后，用舌头舔食罐内余液，不料舌头被卡住，怎么也收不回来。去医院后，医生一时间束手无策。最后牙科医生出场，动用了牙科钻和剪刀等工具，才把易拉罐剪开，小孩得救。人体的一些部位，由于在其内部液体的压力变化，会产生扩张，所以进入口径狭小的容器后，往往难以退出。类似于上面的事故并不罕见，例如戴在手指上的戒指退不出来，卡在旋转门缝中的手缩不回来等。20 世纪 70 年代,有人买来一只新痰盂罐,旁人怀疑是旧的。为了证明买的确实是新货,两人打赌,那人决定把痰盂罐往自己头上套一下,不料套上后再也脱不出来。去医院也无法解决,但医生建议不妨去白铁作坊试试。果然还是白铁师傅手巧,他把平时对付白铁和马口铁的功夫全用上。经过一阵子锯剪撕折,终于使那人重见天日。又有一传闻说过去有一户人家,住在山上。由于那里地处偏僻,人烟稀少,有时会有老虎出没的脚印,为此这家人在住房外面筑了一道结实的围墙。为了方便家犬的出入,又在墙脚处开了一个洞,洞内安装了一个石圈。有一天,这家的主人突然发现这石圈不见了,却看到地上有老虎脚印。他推测一定是有一只老虎试图钻入洞内,因洞太小未能进入,后退时头被石圈卡住,缩不回去。反复用力之下,这石圈松动后被老虎带走,成了它的项圈。果然,几天后有人告诉他,在他居住的山上,曾见到过一只带有石圈的老虎。

a01—41　塑料瓶的麻烦

2014 年 9 月的一天,杭州某地,一年轻母亲在忙家务,一个两三岁的小孩独自在旁边玩耍。不一会儿,小孩忽然大哭起来。原来是一只手指塞进了塑料瓶口,回不出来。母亲一时不知所措,只好向消防队求救。但是消防队员惯用的扩张器等大型解救工具都用不上,只能依靠钳子、锯子等小工具,慢慢将瓶口去除,小孩手指才得以脱出。

a01－42　夫妻不和子女苦

2008年,曾有报告表明,夫妻不和、经常吵架的家庭,子女健康状况较差,系免疫力受到了影响。甚至有的因精神上不堪承受而擅自出走,所以做父母的应该引起警惕。

a01－43　用剪刀时的疏忽

2008年秋的一天,杭州有一人家,这天奶奶正用剪刀打开一箱牛奶,她的孙儿在旁边看着,他已经到了准备上幼儿园大班的年龄。此时听到外面有人在叫,奶奶便放下剪刀,走了出去。那男孩就拿起剪刀自己去剪箱子,不料失手刺伤了眼睛虹膜,角膜也受到了损伤。大人这么一个小小的疏忽,造成的后果不堪设想。

a01—44　八岁童何以患高度近视

2014 年 8 月,杭州某地,一个年轻母亲带着她八周岁的儿子去医院检查眼睛,发现他近视已达 1200 度。该小孩长期练钢琴,每天五小时,成绩非常出色,超过了一般成人。但处在这年龄段的儿童,眼睛尚在发育阶段,长时间注视琴谱与反差强烈的黑白琴键,导致了高度近视,他的真性近视也达到了

200 度。一般练钢琴的小孩多数患有近视，应该引起家长的注意。

a01－45　拿器物奔跑的后果

2010 年，湖北某地，一人家，母因病住院，父在小店张罗生意，儿子才 2 岁不到，16 岁女儿无奈只好辍学在家照料。有一天，女儿在忙家务，其弟拿了桌上一根筷子去玩，不料在奔跑出门时跌了一跤，筷子从口中穿过喉咙进入脑中。另一起事故是一个 6 岁小孩，拿了小刀，在奔跑时跌了一跤，结果刀穿过眼睛进入脑中。以上两个小孩虽保住了命，严重的后遗症却不可避免。

a01—46　独自在家的小孩

2010年夏的一天，杭州一个5岁小孩因父外出购物独居家中。不久即生恐惧感，爬至户外保笼内大哭，楼下行人见状即向110求救。幸好有保笼在，才未出事故。

a01—47　小孩阳台收衣出事

2008年秋的一天，杭州有一个8岁的女孩独自在家，父母外出做生意。由于直到天黑还未见他们回来，女孩便自己去阳台上收衣服，结果不慎从4楼跌下身亡。

a01—48　窗口的隐患

2010年夏，杭州一女孩在同学家玩时不慎从10楼窗口跌下身亡。原来窗口上有栅条，为了美观，现已被拆除。显然，安全比美观更重要。

a01－49　侥幸的坠楼

2010年秋，杭州有一男孩，不慎从七楼阳台掉下，期间被5楼和6楼的雨篷挡了一下，落在草坪上，满头泥土，但身无血迹，也无生命危险。小孩的父母经历这一事故后，一定要采取有效的预防措施。但绝大多数这种事故的后果十分严重，很多小孩没有这么幸运。

a01－50　姐妹坠楼

2010年冬天，杭州有5岁与6岁两个姐妹，在一天晚上11时许，从80厘米高的厕所窗口跌到了地面上。妹妹伤重，姐姐跌下时给雨篷挡了一下，伤得较轻。她们的父母是安徽人，事发时都不在场。外来打工者往往因为忙于生计，长辈又在老家，小孩便得不到悉心照顾，这种情况较为普遍。大人对此重视不够，发生祸患是迟早的事。

a01－51　按摩椅的陷阱

2011年秋的一天，杭州一个5岁小孩随大人来到一家按摩店。由于好动,他将头伸进了按摩椅的圆孔中,结果不能动弹。后来来了消防队员,将按摩椅拆开才得救。

a01—52　椅子把手的作祟

2010 年夏,浙江某地,一个火车站的候车室内,有一小孩的头部卡入了座椅把手的空当中不能动弹,只好拨打 110 求救。后来营救人员使用液压工具将把手扩张后,小孩才得救。

a01—53　课桌咬指

2007 年初,某地一个小学生在听课时,不小心将手指伸入课桌底板上的一个小孔中,拔不出来,因为在上课,不敢声张。一直坚持到下课后,老师才得知。后叫人把底板锯开,已过去了 3 个半小时,幸好手指无明显损伤。

a01—54　自制的移动铁栅门

2011 年冬,浙江某地有一对小夫妻和 7 岁女儿住在一家工厂内。一天，女孩到对面饮食店去买点心，不料经过工厂的铁栅门时，竟被门轧死。原来此铁门系该厂自制的，开后自动回闭，以致造成重大事故。

a01－55 宠物老鼠

2006年秋天，杭州一所小学的学生外出郊游，见到有小贩出售宠物老鼠，一部分人便买回家玩。不久有的人就被老鼠咬了。校方得知后，便叫家长带子女去防疫站注射狂犬疫苗。该站称，狗、猫、鼠等都可能带有狂犬病毒，人被咬后应该24小时内注射疫苗。否则，如果发病，死亡率是百分之百。

a01－56 床角的隐患

2010年夏，浙江某地，一个不到3岁的女孩不小心把牛奶打翻在床上，其母生气，踢了她一脚，不料女孩头部撞到了床角上，造成颅内出血，人昏迷不醒。因为虐儿导致严重后果，母被刑拘。当时医生估计，女孩可能会半边瘫。

a01－57　婴儿跌下床的后果

2014 年夏,浙江某地有一人家,9 个月大的一个

婴儿从50厘米高的床上跌到了地面，头上出现了一个包，当时父母并不在意。但3天后婴儿出现了昏迷等严重症状，便去医院求助，不料婴儿在途中就停止了呼吸。医生推测是颅内出血所致，若抢救及时也许还有救。如此小的婴儿应睡四周有围栏的小床。小处不注意以致酿成大祸。

a01—58　无盖的电动扶梯

2011年秋，杭州一小孩在商场里趁随行的大人不注意，到电动扶梯旁边去玩，结果手卡在传送带的缝隙中，幸好后来脱了出来，未造成严重损伤。电动扶梯在维修期间未加盖，若旁边不加警示牌或警示牌放的位置不够醒目，一旦发生事故，还是要追究相关人员责任的。

a01—59　电动扶梯的事故

2012年6月下旬，在杭州某商场里，一个小孩把自己的玩具放在电动扶梯的扶手皮带上，自己立在梯级上跟着上去。等他到了上面想再走下来时，裤脚管被卷进了梯内，导致腿与脚严重受伤。后来送到医院抢救时，医生认为是否要截肢，尚需看病情发展而定。

a01－60　床架陷阱

2010 年秋的一天，杭州有一个 2 岁小孩，由于淘气，把头伸进了家里一只床架的铁栅缝中，结果回不出来，导致全家着急，却又无能为力。后来消防队员用液压扩张器撑开栅条，小孩才得救。

a01－61　后挡板高的货车

2010 年秋的一天，杭州某地，一货车司机看到后面无人，便开始倒车，随即他觉得有物体受到碾

压,便急忙刹住后下车查看,只见一个4岁左右的小孩被压在车轮下,另外还有两个小孩呆立原地。原来车子的后挡板太高,看不到后面有小孩。

a01－62　鞋底上的缝针

杭州有一外来打工的三口之家,一对夫妻和一个男孩,小孩生性比较顽皮。2010年冬的一天,其母因小孩淘气,用做了一半的鞋底在他头上敲了一下。不料忘记鞋底上尚留着缝针,针插入了小孩脑中。幸好伤得不重,到医院取出针后,小孩仍较活跃,但感染严重与否一下子还看不出来。

a01－63　钩针惹祸

2011年底,浙江某地有一人家,母亲在用钩针做鞋,床上的小孩吵着要她扔掉手中的鞋子。鞋子被他扔到地上后,钩针正好朝上插着。此时小孩跌到了地上,钩针刚巧从鼻子旁边插入小孩脸部,进入脑颅。在医院抢救时,由于针上有倒钩,经开颅后才得以取出,幸好无生命危险。

a01－64　暖气片的祸患

2010 年底，杭州有一小学生放学回家，走过结冰的地面时，不慎滑了一跤。当时地上放着暖气片，其上的钩子不巧从小孩眼睛旁插入了脑颅，还好未伤及要害部位。

a01－65　工棚里的遭遇

2010 年夏的一天，杭州一建筑工地的临时房子里，一个为工地烧饭的妇女带着 5 岁的儿子在 2 楼行走，小孩不慎从 25 厘米宽的扶栏间隙中掉了下来。小孩颅骨受伤，虽无生命危险，但可能有后遗症。

a01－66　母婴同床的后果

2010年底,江西一个年轻母亲带了2个月大的婴儿来杭州游玩,住在一个招待所里。早晨给婴儿喂好奶后,她又睡着了。但等到醒来时,发觉小孩身体已经冰凉。后来送附近一家医院抢救,已无力回天。估计是蒙被过严造成窒息所致。母婴应分床睡,在旅店同床时,应保持高度警惕,否则婴儿容易被母亲身体或被头压住而窒息。编者尚听到过一个年轻母亲睡着时,将一个同床的婴儿压死,第二个出生后,又同样被压死,真是糊涂到了家。

a01—67　片刻疏忽儿坠楼

2011年春，杭州一个6岁小孩在家，父母外出，叫一个大妈代为照看。大妈外出了一会，此时小孩也想外出，见门锁着，便爬窗而出。窗高不到1米，有床靠着，攀爬自然方便。结果小孩从窗口跌下，幸好给2楼的雨篷挡了一下，跌至地面绿化带内，故只受到了一点轻伤。

a01—68　小孩的生日

20世纪末的一天，浙江某地，一个8岁小男孩在家里擅自拿了2万元，和几个同学一起来到一家卡拉OK酒吧，声称为庆祝自己的生日，要一间包厢，还要几个小姐作陪。服务员看到突然来了这么一群小萝卜头，提出这样的要求，想必一定是笑弯了腰。后来设法问出了那小孩家里的电话，通知大人将他们带了回去。此事的发生，与小孩的父母平时忙于做生意，对他关心不够有关。幸亏他们去了一家正规的酒吧，才没有惹出麻烦。

a01－69　高楼的钢化玻璃窗

2011年8月下旬的一天，在杭州一家商场外面，有几个小孩正在玩耍。突然8楼的一扇钢化玻璃窗自行爆裂，掉下的碎片砸伤了小孩，其中一个严重受伤。虽然立秋已过去多日，天气仍热如夏天。室外温度高，室内因空调温度低，巨大的温差容易使钢化玻璃发生自爆。据称这种玻璃允许有一定的自爆率，虽然想必概率一定很低，但在高楼下走过的行人，要是想到了这一点，多少会感到不安吧。

a01－70　小小橡皮筋惹出大麻烦

2011年春，上海某区，一成人为了给婴儿保暖，用橡皮筋扎紧了他的两只袖口。不料次日发现，婴儿两只小手因血流不畅而发黑坏死，必须截断。由于橡皮筋有弹性，有不断收紧的作用。如果改用绳子扎袖口，只要松紧适度，就无此隐患。无知，给小孩带来了终生的痛苦。

a01－71 婴儿产入火盆

2011年冬的一天，陕西某地，一家医院接生时，因为天太冷，医生叫护士在产妇床边放一火盆升温。护士照办后便离开，当时医生也不在。此时婴儿突然乘隙而出，掉入了火盆里，顿时大面积烧伤。虽然被马上救起，但接下去必然是大麻烦不断。女人临盆，一生可能只一两次，而产房工作人员，却是一天要经手好多次，自然是见多不怪，但不能因此掉以轻心，否则责任还是在自己身上。

a01－72 装一张防护网有这么难

2014年8月底的一天，杭州某住宅区内，一个5岁女孩不幸从17楼窗口跌下，严重受伤，后经医院抢救无效而亡。悲痛的父母替她捐献了眼角膜，别的器官因损伤过重，只能放弃。这悲剧原能预料与避免的，只差窗口一张防护网。小孩会不停地活动，即使亲生父母在家，也不可能一直看着她。

a01—73　反锁小孩在家的后果

2011 年 11 月下旬，杭州有一户人家，有一天大人外出时，将小孩反锁在家中。不料小孩玩打火机失火，无法开门逃出，便躲入床下。外面人看到着火，便打 119 电话求救。消防人员获知里面还有小孩，迅速破门而入，将床底下已被烧伤的小孩救了出来。

a01—74　洞洞鞋与电动扶梯

2010 年夏，杭州一对夫妻带着 5 岁小孩去商场购物。小孩穿着洞洞鞋，在乘电动扶梯时鞋子被钩住，便用手去挖，结果轧断了手指。当时父母在场，但事故来得如此突然，使人措手不及。要是父母对这种事故早有所闻，便可防患于未然；要是商场有醒目的告示，也可起到提醒作用。

a01－75 电动扶梯的大事故

2012 年 1 月底，正是人们欢度春节之时，北京西单某商场内，一个 9 岁小孩在乘电动扶梯时头伸出外面，在 5 楼与 6 楼夹角处被夹住，当场死亡。我们去超市购物时，常会看到这种扶梯边上挂着有关的告示牌，想来西单这商场也会在什么地方挂上告示牌。

a01－76 超市外面的游戏机

2011 年夏，杭州有个母亲带着 2 岁的儿子去一家超市时，任其在超市外面的游戏机旁边玩。不料

 小孩将食指伸入游戏机的一个孔中，被里面转动着的齿轮轧断。真是祸从天降，恐怕再小心的大人也想不到会发生这种事故。

a01—77 溜冰场上的事故

2012年2月初，杭州的一个溜冰场上，一个9岁女孩在溜冰时不慎滑了一跤。她倒下时用右手撑住地面，不料此时正好有人从她手上滑过，小指被冰刀切断，后来只好去医院进行接指手术。这溜冰场在上一年也发生过这种事故。由于该场有声明在先，出了事故与他们无关，所以人们在进场溜冰前，应该对如何防护做充分了解。

a01—78 电风扇与车链条的事故

2014年夏天的暑假期间,外来打工人家的许多小孩照例来到杭州,在他们的父母身边度假。由于大人白天要上班,只能让小孩一个人在家玩。尽管再三叮嘱,仍难免出事。有一户人家的小孩,在阁楼上被吊扇严重刮伤鼻子,脸部也受了伤。又一小孩,在拨弄车链条时,手指被夹在链条与齿轮之间,不能动弹。后来求助民警,设法剪断了链条才得救。

a01—79 车内的中暑

2011年夏的一天,安徽某地的一个幼儿园,早晨在接送车到达后,车上小孩尚未全部下完,开车的司机与接送的老师就关上车门离去。等到过了8小时后,再用此车送小孩回家时,才发现车内还有小孩,此时小孩已中暑死亡。如此粗心的事也会发生,真是难以置信。

a01—80 可怕的车内升温

2006年夏的一天,杭州一个车主把自己的婴儿关在车内后，便准备独自离开办事，幸好被人及时发现，得到了纠正，否则婴儿凶多吉少。密闭的车子在阳光下照射半小时，就可以升到致命的温度。说来别不信，美国每年有数十个婴儿竟然因此丧了命。

a01－81　蟑螂入耳

2006年夏，杭州有一5岁男孩经常在阳台上过夜。一天晚上，一只蟑螂爬入他的耳内，小孩感到疼痛，便用手指去挖，蟑螂往里面钻。后来去医院，方才得以取出，幸好未损伤鼓膜。夏天蚊子、苍蝇、蟑螂等爬入小孩耳内后，去医院求助的不少。应向医生预先了解蚊虫爬入耳后正确的对付办法。

a01－82　抓鸟触电

2006年夏的一天，浙江某地，一个外来民工的小孩见一只鸟飞入未关上门的变电所内，便进去抓。结果两手触电烧伤，幸好不是十分严重，后来他自己去了附近店中打110求救。暑假期间小孩在外面游荡惹事，最使大人操心。尤其是外来民工，白天必须上班，无法看管小孩。大人所能做的，只有不厌其烦地叮嘱小孩，但这样既不够具体，日久也会使小孩生厌。另一方面，变电所工作人员离开时未及时关上门，正像无盖窨井一样危险。一旦出了这种事故，有关人员恐怕应该负主要责任。

a01－83　倒车惹祸

2006年秋的一天，浙江某地，三个小孩正在社区内的一辆汽车后面玩耍时，车内的人未看清外面情况，就突然倒车，导致一个小孩被当场轧死。在停着的车子后面，人们还真应多个心眼。编者有一次外出步行时，想横穿马路，但路边成排停了许多小汽车，就想从两辆车之间的空隙穿过去。谁知一辆突然倒车，编者差一点被撞到。

a01－84　横在地上的水泥管

2007年初，浙江某地，一个女孩在室外玩耍时，天突然下起雨来，便躲进横在地上的一根水泥管里，不料再也无法出来。水泥管只有直径30厘米，前来施救的消防队员花了好几个小时，用锯片锯出缺口后，女孩才得救。

a01－85　工地上的水泥搅拌机

在20世纪末，浙江某地的一个建筑工地上，一台小型的水泥搅拌机闲置着，一个小孩便爬进去玩耍。后一个小孩不知情，出于好奇，就合上搅拌机的闸刀，结果酿成惨剧。这一事故的主要责任人显然是工地的管理员。这种水泥搅拌机过去在杭州的工地上也常见到，如今都被大型的水泥搅拌车取代，但在小地方仍有可能在使用，这时大人们就得多个心眼了。此外，在20世纪70年代，浙江某地一家工厂的发酵罐内，有人在做清洁工作时，一个不知情的工人走进车间，合上罐内搅拌叶片的电源开关，也造成了重大事故。

a01－86　脚盆中的开水

20 世纪末的一天晚上，杭州某地，一个年轻的妈妈给小孩洗脚。她照例在脚盆中倒入开水后，再去取冷水来掺入。就在她离开的片刻，小孩踩翻脚盆，结果被开水严重烫伤。显然，要是先在盆中放入冷水，再加入热水，就绝对不会发生这种事故。

a01－87　在板箱中躲猫猫的后果

2012 年 4 月初，四川某地，两个 9 岁女孩同时失踪，家里人到处寻找皆无结果。很多天后闻到了阁楼上飘来的阵阵臭味，便上去查看。那里放着一只老式木箱，一打开箱盖，就发现两个女孩死在里面，尸体已经腐烂。经事后分析，得出的结论是：两人因为玩耍，躲进了箱中。却未料到关上箱盖后，盖上的搭扣部件自动落下，扣住了箱体上的搭扣部件。于是里面的人无法打开箱盖，叫喊声外面听不见。由于箱子的密闭性较好，最后两个女孩窒息而死。

a01－88 容不下同胞妹妹的男孩

2014 年 8 月中旬，北方某城市，一个 14 岁男孩，因为容忍不了 1 岁半的妹妹夺走了父母对他的爱，而起恶念。有一天，他支走祖母后，将妹妹杀死，随后自己离家出走。这男孩最终被警察找到，问他下此毒手是否后悔，他连说不。根据校内同学的反应，他平时很内向，不与人交往。这一事件虽属极个别，但对于长期过惯了独生子女优越生活的小孩，突然增加一个弟弟或妹妹后的心情，应该引起家长的充分注意。

a01－89 割安全绳的小孩

2014 年夏的一天，贵州某地，一个建筑工人正在一幢楼的外面进行高空作业。突然发现地面上有一个小孩。在用刀割他的安全绳。他急忙呼叫，不久来了消防队员营救。他胆战心惊了近半个小时后，终于被平安救下。此小孩年仅 10 岁，当时正处暑假期间。由于墙壁上的钻孔声打扰了他看电视，便生此恶念，幸亏未酿成大祸。

a01—90　养猪人家的婴儿

2002 年,罗马尼亚就有一户三口之家,这天父亲外出打工,母亲有事偶尔外出一下,将自己的婴儿独自留在家里。结果,家里养的猪将婴儿的手指脚趾,以及一只耳朵都吃掉了。此后婴儿持续的哭声惊动了邻居,才被发现。编者也听长辈说起过类似的事件。20 世纪 40 年代,某地,一家三口。这天小夫妻俩都去地里干活了,只留下一个婴儿在家。等到他们收工回来时,发现婴儿已被自家养的猪吃掉。猪栏一般都不高,以便喂食,因此有时猪会自己爬出来。所以有婴儿又养猪的家庭,必须多长个心眼。

a01—91　蝗虫与婴儿

一说到蝗虫,人们就会联想到可怕的蝗灾。大旱之年,当大批蝗虫飞到一个地方的上空时,可以说是遮天蔽日。它们一落到地面,很快就把庄稼吃光。但如今人们对吃蝗虫产生了兴趣,因为它们的脂肪与胆固醇含量比家畜与禽类低,油炸后味道也相当诱人。网上有蝗虫的团购,也介绍饲养的方法。不过这里要说的，却是一起蝗虫吃人的事件，是编者过去听长辈们说的。大约在抗战前，北方某地发生了蝗灾。为了鼓励人们抓蝗虫，当地政府按重量收购。于是一场灭蝗的群众运动发动起来了。其中有一户三口之家，夫妻两人都出动，将自己的婴儿留在家中。他们把抓到的蝗虫装在袋里，放回家中后又接着去抓。没想到由于袋口未扎牢，蝗虫爬出来到处乱飞，没有庄稼就吃人，最后把婴儿咬死。如今蝗灾不大可能会碰到，但如果大规模蝗虫饲养得到允许，这方面是必须要引起注意的。

a01－92　翻过护栏喂熊的男孩

2014 年 8 月中旬，河南某地的动物园内，一个 9 岁男孩擅自翻过护栏，到铁笼外面喂食里面的黑熊。不料这熊突然从笼子的破洞中伸出嘴巴，咬掉了小孩的右胳膊。9 年前的同一天，这家动物园也发生过类似的事故。经过现在这次事故后，园丁在关熊的笼外又增加了一层防护网。小孩终究是小孩，防护措施应该做到万无一失。

a01—93　凶狠的猞猁

多数人只在动物园内见到过猞猁。它像猫,但比猫大得多。两只耳朵上都有一簇向上的毛。这个特征使人见到后不易忘记。据说它的野性比狮子和老虎还大,能咬死猪羊,甚至驴子。几年前曾听到过一则报道,说某地有一小孩,在动物园参观时,擅自爬过护栏,接近栏内的一只猞猁,结果被当场咬死。所以如果谁想将它作为宠物饲养,那真是自寻死路了。

a02. 老人(45条)

a02 老人 目录

a02—41　为争面子拍柜台

a02—42　持久玩牌乐极生悲

a02—43　过度爬山的后果

a02—44　高楼病人的一次急救

a02—45　一对空巢老夫妇的离世

---

a01—18　果冻的隐患

a01—20　夺命蚕豆与防止误吞异物

a17—01　锻炼过度招大祸

a17—02　抑郁症患者从天而降

a17—04　梅雨季节的心血管病

a17—05　梅雨季节的心肌梗死病例

a17—06　高温缺水致心梗

a17—07　魔鬼时间的锻炼

a17—12　老人的抑郁症

a02—01　空腹晨练时坠湖

2010 年 7 月下旬，杭州一个 60 多岁老妇去西湖边晨练时，出现了头晕而坠入西湖，幸好在场人多，被及时救起。早晨起床后用餐前血糖较低，是晕倒的主要原因。杭州曾有一中学生，因早晨起床迟，来不及吃早饭，以致到校参加早操时，晕倒在操场上。所以早晨空腹时，在湖边这种不安全的地带锻炼，更加应该注意。

a02—02　老人坐栏杆晕倒

杭州有一 80 多岁的老人，平时爱好爬山。2014

年8月的一天早晨,他上山后就坐在一个亭子的栏杆上休息。岂料身子往外一斜,从离地4米的亭子跌到了地面。当时已昏迷不醒,被人们立即送到了医院。老人虽无生命危险,却被高位截瘫。

a02—03 吃馒头噎住的后果

2006年春天的一个早晨,杭州一近90岁的老妇吃好早饭后,在保姆的陪同下外出散步。到了街上后,她又买了一个馒头来吃,不料在吞咽时噎住,无法呼吸。在多次拍背部无效后,送医院抢救。后来心跳虽已恢复,但呼吸仍离不开呼吸机,瞳孔也已放大。无法呼吸可导致脑部缺氧,若缺氧超过4到6分钟,就可造成严重损伤,所以此老人是凶多吉少。她平时吃东西性急,过去也发生过进食时肉骨头卡在喉头的情况。

有关食物堵住气管后急救措施的简略介绍,见“a01儿童”部分。

a02—04 青豆、糖果与菜饭的隐患

2008年春节期间,杭州一老人吃青豆时堵住了

气管，幸好送医院迅速，得到了及时抢救。另一90多岁老人吃糖果时气管也被堵住，送医院抢救时呼吸、心跳已停止，瞳孔放大。又一老妇吃菜饭时堵住了气管，结果抢救无效而亡。

a02—05 孝敬老人的蛋糕

2006年秋天，杭州有一个孝子去敬老院探望父亲，同时给他带去了蛋糕。到了晚上，父亲准备把剩下的半块蛋糕吃掉，不料因此堵住了气管。等到服务人员赶到，老人已讲不出话，至救护车开到，又十多分钟过去，到来的医生已无力回天。不论是蛋糕或馒头，还是香蕉或荔枝，老人进食时，都有发生过堵塞气管的事故。

a02—06 汤圆堵

2008年冬天，杭州某地，一90岁老妇吃了四五颗汤圆后噎住，不能呼吸。到医院时呼吸、心跳已经停止，幸好抢救后脱险。汤圆既软又粘，可以说是易堵住气管的危险食品，老人进食前应把它碎成小块，而且吃时避免说笑。

a02－07　枇杷核堵

2010年夏天，湖州一个50岁不到的妇女在吃枇杷时，不小心让核堵住了气管。旁边的人拍她的背后，咳出了一颗，尚余一颗去医院后才取出，但因缺氧时间过长，已经出现了脑死亡。

a02－08　年糕堵

2010年秋天，杭州一家医院的住院部内，家属给一个住院的老人喂年糕时，不幸堵住了气管。等到医生来抢救时，因耽搁太久，老人已气绝身亡。年糕是成团的黏性食物，那老人又是卧着吃，无疑是险上加险。但在医院里出这种事故，也是意外中的意外了。

a02－09　肥肉堵

2010年秋天，杭州一个90多岁的老人突然面色发紫，呼吸困难，随即叫来救护车抢救。医生从其喉部取出一小块肥肉后，呼吸即恢复畅通。由此可见,高龄老人的生活起居,除了自己要特别小心外,旁人的照顾也同样重要。

a02－10　圣女果堵

2010年秋,杭州一个80多岁的老妇在吃圣女果时,有两个卡在喉部,堵塞了气管,呼吸困难,脸色发青。幸好后来送医院及时,圣女果被取出。圆柱形、圆锥形、球形、卵形等形状的食物,好比气管的塞子,它们没有充分嚼碎就被吞食时,容易发生这种事故。所以此类食物应该剁碎后再给小孩或老人吃。

a02－11　月饼堵

2010年秋,某地一个80多岁老妇在搓麻将时吃月饼,结果堵塞了气管,后来送医院时已经无救。边搓麻将难免边说笑,哪里顾得上专心吃月饼?不出事才怪。真可谓:

进食原属平常事,岂知危险悄然至。谈笑仓促魔障现,噎住或成大限时。

a02－12　夺命麻团

2008年春天，浙江某地，一近80岁的老人在喜酒宴席上吃一种叫麻团的点心。它是甜食，一般用糯米粉、猪油、白糖加水做成，外面粘有芝麻，无馅，所以是既糯又黏的实心团子。这老人吃了半只后噎住，无法呼吸，后来送医院抢救无效而亡。

a02－13　面疙瘩行凶

2008年夏天，杭州一个近80岁的老妇吃面疙瘩时，不小心堵住了气管，等到送医院抢救时，脸色已发紫。老人吞噎食物时反应迟钝，易误入气管。所以人到了老年，进食已成为日常生活中的一种冒险行动，这样说并不过分。不论老人或者小孩，吃东西时动作都应慢一些，且忌说笑。

a02－14　暴食腊味饭

20世纪末的一个腊月天，某地，一个老妇在小儿子家吃了好几碗美味的腊味饭。后来她在大儿子家说起此事,夸这饭烧得好。素知他母亲胃口大,大儿子听后就盛了一碗自家烧的腊味饭请她品尝,于是她又吃了一碗。当时并不觉得什么,但到了后半夜,老妇感到腹中疼痛难忍,自觉是肠梗阻后已经破裂,后来不治身亡。年老了只能处处小心,不能全凭自己感觉行事,自己应该懂得正确把握,子女同样应该了解这一点。

a02—15 危险的枣核

2013年,浙江某地,一老妇听别人说吃几个枣核有利于消化,她就接连吞下了几个,不料后来竟肠穿孔。吃枣子是最平常不过的事,有时会误吞一两个枣核,往往也没有什么事,实际上误吞枣核是很危险的,由于它两头尖锐,很可能卡在消化道中,甚至刺穿肠壁。这种事故很多,尤其到了中秋节,老人吃枣子粽,因为有假牙,或牙齿不好,误吞枣核求医的就比平时要多。小孩误吞的也不少,个别甚至因此导致严重感染,到了病危的地步。

a02—16 暴食柿饼的后果

2010 年，某地，一个 50 多岁的老人干好地里活后回到家中，见到桌上放着一袋柿饼，便狼吞虎咽一口气吃掉了一大半。不料到了半夜里，腹部疼痛异常，去医院查知胃内有许多结石。后来喝了几天可乐，医生也向他胃内的大结石注射可乐，如此情况才得以逐渐好转。当然碰到这种情况时，首先应该去医院，让医生做出正确判断后再处置。

a02—17 红参当萝卜干吃

浙江某地，有个 70 多岁的老人，儿女们对她一向都很孝顺。2012 年初，女儿给她准备了红参炖汤，一天吃半支，两天就吃完，以求速补。谁知此后老人出现了流鼻血、口腔溃疡、便秘等症状，晚上也难于入睡。红参性热，如果是阴虚火旺的人吃了，内火就更旺。此外，一支红参应该吃半个月。把它当萝卜干来吃，着实把这老人折腾了一番。所以如果要吃人参进补，应该先请教医生。

a02—18 屋顶平台上的倒走锻炼

世纪之交,人们到处在说倒走锻炼有益健康。每到傍晚时分,常能看到有人在路边倒走。1998年秋,浙江某地一个60岁的老妇,在自家的屋顶平台上,进行倒走锻炼,结果坠楼身亡。

a02—19 老人倒走锻炼而滑跌

2006年11月底的一天,杭州某地,两个老人在路边进行倒走锻炼。他们边走边聊,甚是自在。不料其中一个踩到了一只可乐罐就滑了一跤。老人跌跤,后果可能是灾难性的,所以既然要冒险倒走,就得十二分小心。

a02—20 老人绊跤致骨折

杭州有一个73岁老人平时爱好打乒乓球。2011年秋的一个早晨,他在捡起掉落地上的球时,不小心被横档布绊了一跤,竟致腿部骨折。医生诊断后,认为必须进行手术治疗。由此看来,老人对自己身体的保健意识，应该超前一些。换句话说，就是70岁的人应该当成75岁或80岁来保护自己。

a02－21　老人在厕所里滑跤

2007年初的一个早晨，杭州断桥附近的厕所内，由于下过雨，里面地上也湿漉漉的，导致一老人入内时滑倒。他倒地时用手撑了一下地面，结果造成手骨折，后来被送往医院救治。

a02－22　路冰惹大祸

2011年1月中旬，正是三九严寒时节。杭州一家商店门口，勤快的店员用湿拖把清洁地面后，不久地面结冰。此时正好一个老人经过，一不小心滑跤倒地，以致骨折住院。结果是老人吃苦头不说，光手术费就要数万元。

a02—23 阳台晒衣生祸患

2010年7月底，杭州一个多岁老妇在阳台上晒衣时不慎掉了下去，后来送医院不治。此时正是赤日炎炎，酷暑难熬的季节，天气闷热，注意力难以集中，所以做事应加倍小心。

a02—24 春节大扫除的事故

2012年1月中旬，除夕将至，家家户户大扫除，喜迎春节。有一天，杭州某区，一个60多岁的老人在4楼家里擦窗时，不小心从窗口掉了下去。由于头着地，当场身亡。玻璃窗不干净，看上去确实很不舒服，但比之擦窗可能带来的危险，就显得微不足道了。事实上，使用一些简单的长柄工具操作，是可以达到清洁要求的。

a02—25 灵丹妙药“照顾”卖

2010年8月底，杭州有一老人在路上遇到一个药贩，后者向他出示一种红色粉末，说是一种功能强大的药，能抗癌和防治多种疾病，原来只有内部能买，念老人年高心诚，可以低价卖给他，以后若转让他人，还可赚进一笔。老人欣然买下。等到他发现是假药时，骗走他三万元的骗子早已没有了踪影。

a02—26　偏僻路上的中暑

2010 年 8 月初的一天，杭州气温高达 39 度，一个 70 多岁的老妇外出购烟途中不幸中暑倒地。因地方偏僻，2 小时后才被行人发现。等到送医院抢救时，体温已升至 41 度，严重脱水。到了午夜，终因心脏衰竭而死。

a02—27　雨天的斑马线

2010 年冬，杭州一个 80 多岁老妇走斑马线过马路时被一货车撞倒，生命垂危，后被送往医院抢救。熟人说她平时一直很遵守交通规则，此次车祸估计是货车速度太快，雨天路滑，不能及时刹住之故。所以雨天出行，行人与司机都应分外小心。

a02－28　伤人的遮阳伞

2014年8月中旬，杭州有一老人在路上骑电动车时，被另一电动车的遮阳伞伞骨刺伤了眉骨，幸好未碰到眼睛，后来去医院缝了好几针。电动车安装遮阳伞是违章行为，存有多种隐患。所以这种眼前的便利不能贪，以免造成严重后果。

a02－29　春天的抑郁症患者

2006年春的一天，杭州一个50多岁的老人跳楼自尽，邻居说他患有慢性病。春天为抑郁症高发季节，尤其是老人，此时子女应多加关心。

a02－30　焦虑引发的心脏病

2006年春天，四川某地，一个80多岁老妇去亲戚家暂住。白天亲戚上班，她单独一人在家，被告知任何人来访时都不要开门，以防坏人。有一天，楼上一个小孩不慎跌入窗外保笼的缝中，呼救时惊动了邻里。他们随即拨打110，同时敲老妇家的门，以便入内及时营救窗外的小孩。不料老妇听不明白事由，坚决不开门，以致 110 来救援时小孩已坠地身亡。事后待老妇弄明白小孩死亡与她有关时，终日内疚不已，数天后心脏病发作身亡。

心脏骤然停止跳动时，据专业人员介绍，旁人可以进行简单的急救操作，以延缓病情进一步恶化，利于急救车到达后的抢救。所以如果家里有心脏病患者，平时设法向专业人员请教，掌握一些这方面的知识，以防万一。

a02－31　邻里不睦的后果

2014 年 9 月中旬，某地有两户相邻的人家为放置一把藤椅引起了争执。一方是一家三口全部出动，另一方是一个年近 60 岁的老人。争吵到后来，过于激动的老人坐在椅上发抖，不久即出现了瞳孔放大、神志不清的情况。及至送到医院时，已经无救。邻里之间朝夕相见，相互谦让，以维持良好的关系十分重要，否则就是为自己构建了一个不良的环境，甚至可能导致像上面那样的严重后果。

a02—32　老人也玩云霄飞车

2006年5月，杭州一个患有高血压病的老人，也去休闲博览会玩云霄飞车。当时不觉得什么，但到了第二天，出现了不舒服的感觉。后来去医院检查，医生说是冠状动脉受损，形成了血栓。所以高血压患者不应该玩这种游戏，以免受到伤害。

a02—33　涌潮卷走休闲翁

2014年8月中旬的一天，杭州钱塘江边有数人在钓鱼，此时涌潮突至，其中有一年近70岁的本地人，错误地估计了潮水的来势，结果逃得太迟而被卷走。涌潮受气候、地理等多种因素影响，长住在本地的人也难确切掌握其规律，更不要说外地人了。所以去这种地方时，需要保持高度警惕。

a02—34　心血管病的高发季节

2006年11月中旬，是冷暖交替的时节，去医院就诊的心血管病患者明显增多。有一老人在杭州的吴山晨练时，因气温很低，导致心脏病发作猝死。

a02—35　失控的轿车

2014年9月初的一个晚上，一辆轿车歪歪斜斜地开进杭州的一个小区，连撞了两辆车后停住。路人上前察看，发现一个失去知觉的老人倒在驾驶座上。叫来救护车后，发现他心跳呼吸已经停止。后来确定此人为65岁，死于脑溢血，有心血管病史。时近中秋，天气忽冷忽热，容易引发此类疾病，所以有这种病史的人须特别注意。

a02—36　百米蛙泳赛

2014年9月初，杭州某单位组织本单位职工进行游泳比赛。其中一个刚退休的50岁妇女游泳技巧较好，也参加了，在百米蛙泳中得了第2名。但她游毕后身体感到严重不适，随即被送到了医院。医生查知是脑部血管破裂，一直到晚上还未脱离危险。她平时爱好此项运动，不久前也体检过，身体没有什么问题。这些表面现象掩盖了可能发病的隐患，所以这一事故很值得人们引起警惕。

a02—37 接连熬夜看球赛

2010年6月,山东某地,一个50多岁的男子因看电视直播的足球赛,接连熬夜,以致心脏病发作猝死。

a02—38 如厕中风

2010年11月的一天,一个80多岁的老妇上公厕时倒在地上,口中有血,后来送医院不治。她系脑部中风,因当时无人在旁,错过了最佳抢救时机。

a02—39 炎夏酷暑慎外出

2010年7月初,正是酷暑天。杭州某地,一天中午,一辆公交车开到杨公堤时,车上一个60多岁的老人突然不省人事,脸色苍白。司机见状立即将车开至医院抢救,但已无力回天。老人系心源性猝死,他原来发生过心肌梗死,当时为了赶公交车,上车前小跑了几步,因此增加了心脏负担。盛夏与黄梅天为心脏病高发季节,中午炎热,出门更加重了心脏负担。

a02－40　新潮发型吓掉命

世纪之交，某地，一个女孩在外地理发店打工。回老家过春节的时间到了，为了赶当时的潮流，她在理发店染了发，做了新发型。到家后不久就去附近的外婆家，想给外婆一个惊喜。此时已近傍晚，天色逐渐暗下来，正在家里闲坐的外婆突然看到门被推开，外面站着一个赤发披肩的身影，在朝她笑，顿时吓得昏了过去，不省人事。老人昏倒是突然受到惊吓，心脏病发作所致，后来在送往医院的途中就停止了呼吸。

a02－41　为争面子拍柜台

20 世纪末，某地，一个喜欢抽烟的人经常光顾一家卖香烟的小杂货店，与店主十分熟悉，有时买烟忘了带钱，就欠一下。这一天，他去买烟时钱又忘了带，店内只有一个新来的雇员。由于陌生，这雇员不同意欠账，他只能忍着烟瘾怏怏离开。一路上他怀疑不给欠账是店主的主意，所以越想越气，觉得一定要选个时间再去讨个说法。好不容易挨到傍晚时分,他又去了这店。见到店主一家正在里面吃晚饭,便进去突然用手往玻璃柜台上重重一拍。不料由于用力过猛,玻璃一下子碎成数块掉在地上。更没有想到的是,正在里面吃饭的一个老人,由于受不了这种惊吓,心脏病发作,陷入昏迷,后来送医院不治。

a02—42 持久玩牌乐极生悲

2003年,浙江某地一个年近70岁的退休老人在体检时,没有发现高血压与心脏病。这结果使同龄人羡慕不已。后来他回到老家,那里亲友众多,经常聊天玩牌。有一次,一些人在他家里玩了一整天麻将,到了第二天仍继续玩,此时他感到身体不适,便上楼休息。后来被人发现坐在椅上已不省人事,将他送往医院抢救。医生发现他脑部大量出血,达数十毫升。幸亏及时送医院,才保住了命,但已成为植物人,一年半后去世。

a02—43 过度爬山的后果

杭州的黄龙洞景点,可能是退休人员最爱去的地方之一。有这样一个妇女，精力充沛，又爱好去黄龙洞爬山。日子一久，别人把爬山看作是一件气喘吁吁的累活，她却当作休闲散步。但到后来，她的膝盖部位出现了疼痛感，并且日益加剧。2012 年夏天，她去医院检查。经 X 光透视得知，她膝盖部位的软骨由于频繁爬山，差不多已经磨光了，这便是产生疼痛的原因。所以爬山不能过度。但是人们不禁要问，著名的安徽黄山风景点，在没有索道前，旅客在山上所需的食物，都是由人天天挑上去的，他们怎么没有事？也许这是年龄不同的缘故，或者仍是适度与否的关系吧。

a02－44　高楼病人的一次急救

2012 年 1 月底，住在杭州某小区 22 楼的一个老妇，突然昏倒。急救车很快到达，由于乱停的小车堵塞了通道，车子进不去，医务人员便跑步到楼下，再乘电梯上楼。不料到了 9 楼，电梯不动了，医务人员只好跑步到 9 楼。后来他们下楼时，所乘的电梯也时好时坏。最后还得快步将病人抬过几百米被车堵的通道。离医院不过一站路的病人，由于耽搁时间过长，被送到时已经无救。

a02－45　一对空巢老夫妇的离世

在某城市里，一户人家住着已退休多年的夫妻俩。妻子不到70岁，得了老年痴呆症。丈夫身体还不错，把生活不能自理的妻子照顾得很周到。他们有一个儿子在某大城市工作，每到周末会打电话来问候。但在2014年秋天接连的三个周末里，儿子打来的电话都无人接听。他起初推测可能是父亲外出或不巧等原因。等到后来赶回家里一看，才知父母死在房中已经好几天了。后经公安局调查分析，认为丈夫死于触电或猝死等暴病，妻子因无人照顾而死于饥饿。当时邻居以为夫妇俩去了儿子处，所以未见夫妻俩出入也不觉得奇怪。这一事件留给人们许多遗憾、惋惜与值得思考之处。在通信便捷的今天，防止这类事件再次发生，应该是不难的。杭州有的社区已经有了接受居民紧急呼叫的值班室，这种设置并不复杂，但作用却很大。

a03. 妇女(32条)

a03 妇女 目录

(人为造成的伤亡和财物损失尚见a04青少年、a08学校、a19诈骗和a20案例。车祸造成的伤亡见a06出行。)

a03

a17—13 减肥得了胃溃疡

a18—08 从因无聊玩牌到输掉住房

a18—09 独处女孩遭横祸

a03—01　出租车女司机遇赌输乘客

黄鱼车,这里是指无出租车营业执照而私自拉客收费的汽车。2005年冬,浙江某地,一个输了钱的赌徒因劫财而谋杀了一个黄鱼车女司机。这一天,该赌徒搭上这辆车后,谎称要赶飞机。等到车子驶近萧山机场时,女司机被他用带子勒死,但他只劫得了数百元与一只手机。后汽车被遗弃在杭州一家医院的停车场上,数月后才引起人们注意,凶案不到24小时就告破。

a03—02　女学生白天路上被害

2014年8月底的一天上午,某地,一个女大学生外出办事,在村道上不幸遭遇歹徒,被劫财后杀害。家属与她失联后报了警,傍晚时警方在附近村道的井中发现了她的尸体。经查凶手系一在本地打工的外省人,因近来工厂停工,而在外东游西荡。这天遇到受害人独自在路上行走,见周围无人,便起歹念。他在第二天就被警方抓获。

a03－03　独行女遭劫

2014年八月的一天，在杭州一家服装厂打工的一男青年辞职回老家中途，见一独行女孩正低头专心看手机，顿时起了抢包之念。他上前拔刀威胁，把她多处刺伤。男子抢得包后逃回老家。最终还是被警方抓获。这事件有两点启示，一是静僻处的独行妇女有危险，尤其是爱戴醒目饰品的，若低头看手机就更易引发事故。二是歹徒作恶之时，也是其自身倒霉的开始。

a03－04　暑假末尾的厄运

2014年8月底，某地一所中学正在军训。一个刚考入高中的女生因姿势不准确遭到教官训斥，说要开除她。后来叫家长将她带了回去。女孩回家后哭泣不止，晚上从6楼家中跳下身亡。是此女孩性格太脆弱，还是军训时处置不当？或是两者皆有之？不管怎样，好端端一个年轻女孩，满怀对未来的希望进入高中，又未做过什么坏事，竟走上不归路，一定是什么地方出了问题。对于这类事件，学校与家长都应该引起足够的重视与深入思考。

a03—05　抢项链双簧

2006年夏某日,一个妇女从杭州一辆公交车上下来时,一个男人突然上来抱住了她的脚,声称他的硬币被踏住了。她正在疑惑之际,随即又上来一个男人,将她颈上的白金钻石项链抢走。佩戴饰物是人们的一种爱好,无可非议。但外出时因太显眼而带来隐患也是事实,抢妇女项链、耳环等案件时有耳闻。

a03—06　抢项链专业户

2011年9月初的一天,一个骑摩托车的男子在某地的一个菜场附近转悠。他既不买菜也不设摊,直到有一辆电动车经过马路的转弯处,速度慢下来时,突然上前,很快地将车子后座妇女颈上的金项链抢走。电动车因为速度不够,无法追赶。此类案件在附近市镇上已发生过多起,系一人所为。歹徒最终还是被警方抓获。

a03—07 老妇的偶遇

2005年夏,有一个住在杭州附近的70岁老妇常到市内游逛。有一天,她在一个风景点遇见了一个69岁的男人,不久两人关系就变得很密切。那男人谈吐举止相当有风度,善于绘画,自称有房有退休金。交往中老妇多次提出要看他的住房,接着又向他索要钱财。实则那人是刑满释放犯,租房居住,靠零星卖画度日。他不堪老妇的一再纠缠,竟生恶念,将她杀害分尸后抛入河中。但天网恢恢,最终此案被警方破获。这一案件向人们启示:交往陌生人须小心!

a03—08 拾金骗局双簧

类似下文的骗局双簧屡见不鲜,但仍不时会有人上当,似乎老天爷专门造出了一批骗子,用来教训、惩罚那些贪小便宜或垂涎于横财的人。2011年夏,某地,有一天早晨,一个妇女戴着一条耀眼的金项链去上班。她见到前面有一男人将别人掉落的一只钻戒及其数万元的发票拾起放入自己的口袋中。

随即又见一男人走来,只见此人一边在地上寻找失落的钻戒,一边问两人是否看到过,他们都回答说没有。待那寻找的人走远后,拾到钻戒的人提出要与这妇女平分戒指。他打算去拿钻戒发票上一半数额的钱给她,戒指归自己。妇女表示怀疑,他就说戒指暂给她拿着,他去取钱,但要拿她的金项链作抵押。显然这项链远没有钻戒值钱,妇女便同意了。但他走后不久,她即悟到受了骗而报警。此案不久即告破。显然,如果这妇女不贪小便宜,这骗局双簧也就不会开演。

a03—09 女司机遇骗

2007年夏的一天,杭州一辆出租车上搭乘了三个男人,他们还带了一箱子银圆。到达目的地后,三人以种种理由换走了女司机一万元和随身首饰,留下一箱子看似超值的银圆。事后发现这一整箱全是假货。真所谓:出门应防风险,贪小必遭祸患。

a03—10 女孩搭黑车惹祸

2014年8月底,一个女孩在某市的火车站下车后，搭乘一辆电动车去另一火车站转车。驾车的是一个50多岁的男子，他将女孩骗至自己家中后，进行性虐待，并将其囚禁。几天后，女孩找到一个机会，用那歹徒的手机打出了一个求救电话给一网友，最终得到解救。这一事件很值得出行的妇女引起警惕。

a03—11　入室抢劫祸不单行

2010年9月中旬，杭州的一个外地女孩两天未进食，爬上了高压铁塔准备寻短见。她显得精神疲惫，情绪激动。后经民警上塔反复劝说，才得以救下。原来两天前女孩住所遭歹徒入室抢劫与施虐，其男友得知此事后，提出要分手。这无异于伤口上撒盐，导致女孩情绪失控。

a03—12　姑娘借卡失财

2010年末，杭州某地，一个女孩在外出办事时，路上遇见了两个男青年。其中一人声称自己是某著名手机公司的经理，因为信用卡与现金都丢失，影响业务开展，求她借卡一用。这姑娘竟深信不疑，不但借卡给他,告知了密码,还请两人吃饭。结果被骗走了上万元,姑娘这才觉察而报警。

a03－13　服装店内的窃包双簧

2011 年初,杭州的一家服装店内,一个女顾客将她的拎包放在旁边,拿着一件衣服正在试穿。此时一个穿黑衣的妇女走过来,问她价钱款式等问题,不久那顾客就发现自己的拎包被窃。她怀疑是当时在旁的一白衣女所为,她与那黑衣女是一起的。后来从店中的监控录像得到确认,原来她们是搭档。

a03－14　住所门外的埋伏

2011 年底的一天,杭州有一个女孩,外出办事后,回到了自己的出租房外。正准备拿钥匙开门时,突然从暗处窜出一个男子,要抢她的拎包。女孩便与之争夺,结果被刀砍伤。后去医院查,得知伤势严重,可能要装假手。每逢春节临近,偷盗案件会有所上升。一旦碰到亡命之徒,必须明白保护自身比保护财物更重要。

a03－15 ATM 机上的换卡双簧

2010 年夏的一天，杭州有一个妇女去银行的 ATM 机前插卡取款时，后面有一男子拍了一下她的肩膀，说希望让他先取。当她转过身去与之说理时，旁边一个同伙趁机用假卡换走了真卡，那妇女并不知晓。待她离开半小时后，她手机上显示卡里的几万元已被取走，此时才觉察到卡已被调包，便急忙回到原来的 ATM 机前，幸亏那两个男子还在。在警察的协助下，最终他们都被抓住。

a03－16 麻醉行骗怪招

2011 年春，某地，一个 30 多岁的妇女在酒吧内结识了一个陌生男子后,主动要求一起开房。此后将麻醉药放入对方水杯。待受骗人被麻醉后,便把他的财物尽数盗走。在江西也发生过类似的麻醉行骗。罪犯趁受骗男子不注意时,将麻醉药放入饮料杯中,自己喝时含在口里,等男子吞下去后实施麻醉抢劫。

a03—17　银行外面抢巨款

2011年8月的一天,杭州有一个妇女从银行里取出了20万元。她在路上走了没有多久,钱便被早已盯上的歹徒抢走,还遭到殴打。两天后此案告破,歹徒为一个20多岁的外地人。银行与首饰店一样,是钱财显眼之地,特别是妇女,取巨款时宜有人陪同。

a03—18　色情行骗团队

2010年秋,某地破获了一个行骗团伙。他们人数众多,分工明确。一些人专门在路边以色情引诱行人,一起到旅馆开房。另一些人趁机入室,窃取被骗行人随身所带财物。还有一些人专门望风。再有一些人负责团伙膳食。他们屡屡得逞，破获前已成功行骗数十起。

a03－19　幸亏有监视器

2014年9月的一天晚上，某地一个停车场的值班室里，突然进来了一个身体结实的女人，对正在值班的男人提出性要求，说只要几十元就行。值班的是一个年过半百的老人，他当即加以拒绝。但那女人一再坚持，后来索性将电灯关掉，自己动起手来。老人不同意，并将电灯打开。如此重复了几次，女人仍未达到目的，便恼羞成怒，将老人打了一顿，抢了他的钱后离开。女人重可比彪形大汉，长得结实，老人根本不是她的对手，所以她可为所欲为。后来报了警，也抓到了那女人。由于有监控录像，女人难以抵赖。

a03－20　陌生女的陷阱

2010年夏的一天，一个男子与偶遇的两个陌生女子在杭州一家宾馆内进餐时，喝了放有安眠药的啤酒，财物被卷走。此案不久即告破。原来警方从宾馆的录像中取得了她们的照片，随即加以公布。众人纷纷提供线索，不久公安人员在江苏某地找到了她们。那男子原以为是外出逢艳遇，喜出望外，岂知是陷遇。从这案件也可以看出，借助于如今先进的监控与通信设施，再加上依靠群众，相当于到处都有公安人员的眼睛，所以居心不良的人不能有侥幸心理。

a03－21　婚骗

2010 年夏天，在浙江某地，女子李某与男子张某好上了。但李某以前的男友朱某不同意，要分手费，结果张某前前后后被要去了好几万元。过了不久，李某称又与朱某恢复了感情，要与张某分手。此时他方知受骗，那几万元虽然皆由张某拿出，却没有收据。要回钱困难，只好求助法院调解。

a03－22　国际列车上的洋女贼

2008 年秋天，一对老夫妻出国旅行，在国际列车上乘坐的是软卧包厢，一同乘坐的还有一洋女人。有一次妻子上厕所，老汉便留着看管行李。不料就在此时，那洋女人当着他的面换起衣服来，老汉只好关上门离开一会儿。到了下一站，那洋女人下了车，此时他俩检查行李，发现数万元与护照已尽遭窃。坏人处心积虑行窃，真是防不胜防。

a03－23　脚踏两条船

2005年，某地有一离婚妇女，带着一个女儿，因找工作无着，便做起了吧女。不久她就结识了一个50多岁的男人，是个商贩。他们来往密切，后那男人有意娶她，但她却在暗地里改了名，与在农村的一个无业男子结了婚。她在男家的表现像个良家妇女，说自己在市里一家餐馆打工，每月拿了那商贩给的几百元，说是自己的月薪，给男家作为家用。她在男家是早出晚归，白天则待在那商贩处。日子一久，引起了男家怀疑，她便向那商贩提出分手。商贩原是一心想娶她，几年来已陆续在她身上花了好几万元，最终得到这样的结果，便横生恶念，将她杀害后埋尸于室内地下。不久此案即告破。妇女过贪，以不良手段骗取男人钱财，最终遭杀身之祸的案例并不罕见。

a03－24　盲目减肥反伤肝

2010年夏天,杭州有一个妇女,为了身材苗条,从网上购得减肥药,服了一个多月后,体重明显下降,但眼睛却变黄了。后来求医得知,肝已受到严重损伤。如果她一开始就通过锻炼减肥,也不至于到此地步。

a03－25　反锁房门的后果

2006年秋天,一个在浙南某地打工的人,外出时留一孕妇与5个小孩在家里。为了安全,他离开时习惯在房门外加锁。不料这一次却发生了火灾,里面的人无法逃出,外面的人难以靠近火房。救援人员见到门外加锁,还以为里面无人,否则肯定会破门而入的,结果里面的人全部被烧死。在20世纪60年代中期,浙江某地也发生过类似的事件。男人去镇上时,老婆要求将她与小孩反锁在房中。后来失火时皆被烧死。

a03－26 小事争执引发严重后果

一个丧夫不久的妇女，已年过半百，在杭州独自居住，有轻度的抑郁症。2010 年暑假，她与国外回来的女儿发生了争执，一气之下，就从十几层楼高的家中跳下身亡。作为子女，对如此处境的父母，应多加关心。相比可能发生的重大事故，许多意见分歧引起的争执都是小事，该大事化小，小事化了。

a03－27 情绪中暑

2010 年 8 月初，浙江某地天气连日闷热。这一天，一个 30 岁出头的男子下班回家后，与妻子发生了争吵。后来竟被她用刀从背后刺入，而且刺得很深。这种极端行为的发生，有一种说法，认为人在气温 30 度以上，相对湿度 80% 以上的闷热天，会发生情绪中暑，导致行为失控，所以此时要多加注意。这对夫妻婚后感情不好，经常吵架，妻子要离婚，丈夫不同意。闷热天气就成了行为失控的触发条件。

a03—28 如此轻生的妇女

2010年6月下旬的一天，某地有一人家，丈夫因熬夜看世界杯足球赛，到了次日早晨，天已大亮尚在睡梦中。妻子准备好早饭后，欲推他起床，不料反而遭打。她一气之下，便割腕寻死。许多人为了治绝症，不惜倾家荡产到处求医，而有些人动不动就萌发轻生念头，真是可悲。

a03—29 跳下电梯的后果

2011年12月中旬的一天，某地一家机械厂的货梯在运行中发生了故障，停在2楼和3楼之间。里面搭乘的几个人便强行打开电梯门，往下跳到2楼。其中一个妇女跳到2楼时，因为没有站稳，身体向后倒，跌到了电梯井的底部。由于下跌时头部向下，以致脑部严重受伤，送医院后不治而亡。据当时在场的人说，她往下跳时穿着高跟鞋，这可能是站不稳的原因。电梯出故障后，应通知有关人员前往抢修，可惜搭乘的几个人出此下策，才招此大祸。此外，如果货梯严格禁止搭人，也不至于发生这种事故。

a03－30　网聊移情入歧途

浙江某地，有个年近半百的陈姓妇女，丈夫有正常的工作，女儿在念大学，自己做钟点工补贴家用，所以原本应该是一个完整美好的家庭。自从她上网与人聊天后，认识了一个比她年轻的外省男网友吴某。网上找人聊天谈家常，如今原属平常事。但她却不同一般，居然后来发展到瞒着丈夫，将自家的住房抵押出去，得了十多万元，借给这陌生的吴某做生意。这种行为任何人都受不了，她丈夫当然也不例外，从此这个家就不得安宁。为催那吴某还款，两夫妻经常起争执。如此日子一久，陈与吴两人竟生恶念，决定将他除掉。2011 年初的一天晚上，陈某去了她丈夫的仓库值班室，暗中在他喝的茶和药水里放了安眠药。她出来后，将预先准备好的菜刀等物交给了等在外面的吴某，等到她丈夫睡着后，吴某便进去将他砍死。此案后来很快告破。等待他俩的将是法律的严惩。

a03－31 红杏出墙走极端

数年前编者曾听到过一个案例，一个年近半百的妇女，已有数个子女，认识了一个比自己年轻的男人，最终合谋将毒鼠强放入粥里，害死了亲夫。历史上这种类似的案例并不少见，涉案的妇女往往被人们称为当代潘金莲。她们多半是在有外遇后才横生恶念，但也有在家庭中受到迫害而误入歧途的。这些人多数文化程度不高，用的谋害手段公安人员几乎可一眼识破，等到真相大白时已欲哭无泪。这样的悲剧一而再再而三地发生，使人叹息不已。如果这些犯案人员事先对后果有所了解，很可能会望而却步。以下是收录的另外一些类似案例。

2004年夏天，某地的一个裁缝，被年轻20岁的妻子何某害死在家中。事情的起因说来话长。因为学艺，她在17岁时就进入了这裁缝的家。由于他妻子的突然亡故，也由于日久生情，最终她嫁给了这裁缝。相差悬殊的年龄，旁人的闲言碎语，前男友的影响等各种外来的干扰，不断动摇着他们的夫妻关系。后来在对裁缝前妻女儿的关心上，两人出现了分歧，加上她有红杏出墙嫌疑，常遭丈夫殴打，矛盾进一步加深。她提出离婚要求，但遭拒绝。一连串的不顺心，使她走上了极端。2004年夏天的一个晚上，她暗地里在茶与药中放入了大量安眠药给裁缝喝。到了次日早晨，趁他还在睡梦中时，用布条将他勒死，然后翻乱房中物件，伪造了歹徒入室劫财害命的现场。这点雕虫小技，岂能骗过公安人员，案件很快就告破。从中可以看出，年龄相差悬殊的夫妻存在着隐患，会不断受到外界的多种干扰，所以需要小心维护。另一方面，这样的夫妻关系，若到了实在难以维持的地步，不宜勉强。

下面是一个妻子用毒鼠强谋杀亲夫的案例。2004年2月的一天，南方某地，丈夫在吃一碗米粉时，突然口吐白沫死去。妻子说他是一时想不通而自杀的。死者的父亲心存怀疑，觉得自己的儿子不可能如此。他将自己想法告诉了公安局。公安局决定验尸。结果表明，死者胃中确实有毒鼠强存在。此时死者的妻子已与另一男人同居。经过审问，两人承认八年前已有不正当关系，但否认对死者下过毒。后来经过公安人员的不懈努力，此案终于告破，两人承认了预谋下毒的事实。歹徒在行凶作恶后，往往会觉得已妥善销毁了罪证，从此可以高枕无忧了。然而毒鼠强的毒性比氰化物要大一百倍,化学性质稳定,这些特性使罪证得以长期保留,一旦被找到,罪犯就难以抵赖。

下面也是一个谋杀亲夫的案例。2009年6月初的一个早晨,在某村里,一个村民从一口废井中取水浇地时,看到井中有可疑物体,水面上有油浮着,他便把这情况报告了警方。后被打捞上来的是一副完整的成人骨骼,骨头有被敲击与火烧的痕迹。这个村里有一个男人何某,三年前外出打工后失去联系,从此杳无音信。于是警方很快把侦查方向集中到了这户人家。将从死者牙齿提取的DNA,与该家失踪人父母的DNA做了对比,也与失踪人房内顶上血迹的DNA做了对比,确定了死者与这户人家的关系。死者即失踪人何某。再从这家的人际关系中顺藤摸瓜,很快使凶手浮出了水面。根据凶手朱某的交代得知,何某的妻子与他合谋在死者的饭中放了安眠药,然后趁他熟睡时用木棍击昏,再用绳子勒他的脖子,使之窒息死亡。到了第二天,用车将尸体运至路上焚烧后扔入废井。真是天网恢恢,疏而不漏。

a03

a03—32 显摆招祸的妇女

某地，一个妇女在一家大酒店的酒吧工作，平时手上戴着四只钻戒，一只劳力士手表，十分显眼。这种工作环境，接触的人员必然复杂。人们常说的财不露白这句警语，她却完全不当一回事，而是反其道而行之，好像唯恐别人不知道她的气派似的。2004年5月中旬，终于大祸临头。歹徒尹某与黄某，将她骗到尹某住的旅馆后，将她绑了起来，逼她说出银行卡密码，然后进入她家中取得此卡与身份证，再去银行取钱。两人达到目的后，将她勒死灭口，次日抛尸河中，所戴的手表、白金项链与钻戒等也被劫走。几天后尸体上浮,被人发现报了警。此后公安人员根据她身上的穿着,找到了出售该服装的店铺,再从付款的卡号上查到了她的身份。接着根据她平时接触的人员逐个排查,最终在南方某城市抓住了这两名凶手。

a04. 青少年(22 条)

a04　青少年　目录

(人为造成的伤亡和财物损失尚见 a03 妇女、a08 学校、a19 诈骗和 a20 案例。车祸造成的伤亡见 a06 出行。部分少年的内容见 a01 儿童。)

a04－01　醉后热情要不得

酒喝醉后人会糊涂，旁边人如果此时迁就他冒失行事，不果断阻止，那么也跟着一起倒霉。杭州有一个大专文化的男人，在本市一家公司工作。2010年11月的一天晚上，他与朋友聚餐后，一定要开车送他们回家。结果连撞六车，导致多人受伤，最后以交通肇事罪论处。

a04－02　几个初中年龄女孩的怪行

21世纪初，浙江某地，一个女生放学回家时，在路上被三个初中生模样的女孩拦住去路，要她交出身上的钱。事后她报了警，这三个女孩被带到了派出所询问。后来得知，她们中间有的女孩家里父母是离异的，平时疏于管教，容易受到不良风气的影响。女孩也会干出这种事情来，这不得不引起做父母的加倍警惕。

a04－03　“精神病毒”的突然发作

浙江某地，一个高三学生一向学习成绩优秀，表现不错。但万万没有料到，在2006年秋天，离高考只有三个月的一个晚上，他突起歹念，动手抢了人家手机。这可以看作潜伏在他身上的“精神病毒”的突然发作，在这关键时刻毁了他。

a04—04　惊世骇俗儿刺母

2011年春，某地一个母亲，在机场接出国留学的儿子回来时，两人为了学费问题发生了争执，后来儿子竟用刀当场刺伤了母亲。此等惊世骇俗之举，虽属一时冲动，却是冰冻三尺非一日之寒。如何避免年轻人稍不遂意就做出伤天害理之事应成为当下学界的新课题。

a04—05　农夫与蛇故事的现代版

2010年5月中旬，杭州一个40多岁的居民在路上遇到了15、16岁的两个外省少年。他们工作无着，流浪街头。他出于好心，答应帮找工作，并暂时将他们留宿在自己家里。不料到了半夜，两少年突起祸心，趁他熟睡时用刀将他砍伤，并盗取2000元后逃走，他因重伤而被送往医院抢救。人们常说：

"害人之心不可有,防人之心不可无。"真是一点不假。

a04－06　男青年的金项链

2011年春天,杭州有一个二十几岁的男青年,每天戴着一条价值两三万元的金项链,骑着电动车,在钱塘江边的一条路上上下班。如此显眼,不久就被人盯上了。4月底的一天,当他像往常一样经过这条路时,有人上来抢他的项链。他反抗时,被连捅数刀,造成重伤。堂堂男儿,外出自然要比女孩安全得多,但只是程度上的差别。你在明里,歹徒在暗里,人家有准备而来,哪能防得。所以财不露白这句话仍不能忘。

a04－07　一时冲动酿大祸

2011年的元宵节才过,一对20多岁的江西恋人就早早地来到浙江某地找工作。可能由于不顺利,几天来两人经常争吵。一天,女孩在出租房内竟被男孩杀害。行凶后男孩两手发抖,待在现场并不逃走。邻居说此前女孩曾拒绝他入内同居,他就叫来了几个朋友破门而入,如此使矛盾进一步加深。

不论争吵的原因是什么,两人未来的路原是长得很。要是男孩事先看到这一点,就不会纠结于眼前的恩怨。要是女孩能审时度势,意识到潜在危险而巧妙避开,悲剧也不会发生。

a04－08　被网入歧途的少年

2006年5月,某地,一中学生迷恋网上游戏,学习成绩下降。父亲来自农村,深知知识的重要,对儿子管教甚严,但方法欠妥,如此时间一长,引起了儿子的反感。不久他又迷恋网上聊天,期间受到聊友的怂恿,竟起了弑父恶念。一天晚上,他在做家庭作业时,其父在旁看着他。不久父亲睡去,他就用刀将父亲猛砍至死。他入狱时年仅14岁,此时后悔已迟。曾闻韩国也有一少年,因不满母亲阻止他上网玩游戏,将她杀害后自己自杀。难以想象,对于这两个少年来说,上网玩游戏成了最可怕的毒品。

a04－09　如此方式摆脱上网成瘾

2006年秋天,某地,一个中学生长期沉迷于上网玩游戏,家长屡劝无效。一天,他擅自离家出走,多日不归。后来喝了农药,再打电话告知父母。他在医院抢救时,对父母说自己上网玩游戏已成瘾,不能自拔,只有一死了之。这男孩因农药中毒过深,后来不治身亡。近年来,花季少年轻生的事件,屡有所闻。

a04—10　通宵上网的男青年

2006 年 11 月的一天,某地,一个 23 岁的男青年,在网吧通宵上网,被发现时已经猝死。心脏病、脑溢血患者,多见于老年人,年轻人猝死于网吧,足见沉迷上网的危害有多大。

a04—11　沉迷电脑游戏食恶果

2012 年 3 月初,浙江某地一所高校的一个大学生由于连续两天两夜玩电脑游戏,突发脑溢血猝死。年轻人往往因精力充沛,自我感觉良好,对通宵上网不以为意,以致悲剧屡有发生。

a04—12　接连熬夜看球赛

2010 年 6 月底,杭州一个刚毕业的研究生,因接连熬夜在电视上看足球赛,出现了面瘫,口形变歪。医生说这是疲劳与空调的冷风持续吹面部所致。所以连续熬夜隐患多。下面是更加严重的一起事件。在 2012 年 6 月欧洲杯足球赛时,因为一直熬夜观看,湖南有一个青年因此猝死。

a04—13 看足球赛发狂后

2010 年夏天,世界杯足球赛巴西争四强时败给了荷兰。被淘汰后,巴西的一个 18 岁少年,突然纵身跳到驶来的汽车前,被撞身亡。过去国外也有人看电视上足球赛时,因为自己向往的球队输了,就将电视机从窗口扔了出去。看来,容易冲动的人看球赛时应该注意克制自己的情绪。

a04－14　生死之间一念差

2010 年 11 月的一天，某地有一年轻人，从离水面 3 米高的桥上跳入河中寻短见，但他入水后就大呼救命。后来被一小渔船救起时，人已昏迷。由于他跳入时背部着水，导致内脏伤重出血，送医院后不治身亡。此人跳水前，在场的围观者曾苦苦规劝，却无效果。年轻人入世不深，碰到不顺心的事时，应该多向别人请教，学习如何走出困境，这是一个正常的成长过程。不听劝告，一意孤行，结果是轻易丢了性命。

a04－15　如此脆弱的男孩

2006 年，浙江某地，一个 14 岁的男孩因学习成绩差，母亲多批评了几句，就从楼上跳下去，结果无救。他性格内向，平时很少与邻居说话，见了人只是笑笑，经常待在家中，闲时也只是看看电视。这一事件表明，子女性格中脆弱的一面，家长应提高警惕与多加关注。同时，作为子女也应该认识到，如何使自己变得坚强,以应对不顺心之事。

a04－16 入世不深的妄加选择

2010年底的一天,某地一个在读的大学男生,被发现躺在自家房中的地上,毫无生息。他胸口贴了两根电线,身旁放着一张纸条,电脑里留有遗书。后来送至医院,未能救活。他平时在校成绩优秀,但性格比较内向,死因尚不清楚。年纪轻轻,有充满光明与美好的未来,他却经不起一点挫折,做如此选择,将悲痛留给父母,真使人叹息不已。

a04－17 不堪学业负担的子女

2011年夏的一天早晨,某地一个少年,从睡梦中被家长叫醒,催去上学。他声称好几份作业尚未完成,怕老师责骂而不敢去,家长当然不会答应。后来他趁大人不注意,喝敌敌畏自杀了。在子女表现出赖学、淘气时,家长尚须注意是否有畏惧、胆怯的另一面存在。此时需要的是耐心地帮助与疏导,使他们真正走出困境,而非一味地责骂。

a04－18　超负荷工作的男青年

2010年5月的一天，某地一个20多岁的男青年，早晨未按时起床，家人屡唤不醒，立即送医院抢救。医生说他已死了好几个小时，系心源性猝死。此人大学毕业才一年，近来在单位中连日紧张地工作。发病前一天晚上，9点钟才下班回家，猝死应发生在后半夜。平时无心脏病患的人，由于工作压力或运动量过大，也可发生猝死。

a04－19　超负荷工作的打工妹

1999年初，一个在杭州一家服装厂工作的年轻女孩,原来身体健康,但她每天工作达17个小时,工作环境又差,以致自身免疫力下降,不久即得了黄疸肝炎。但她没有及时休息与治疗,仍继续超负荷工作,直至病毒广泛侵蚀了肝细胞,病情十分严重时,才送医院抢救,此时医生已无力回天。

a04-20 长期过劳的后果

2012年5月,某地一个女子,因长时间工作压力大,生活无规律,营养差等,导致免疫力下降,不久出现了腹痛症状。等发展到难以忍受时,她才去医院检查,此时得知已是胃癌晚期,过了一个月,就去世了。这一例子不禁使人想起,有时候自己的工作也会变得繁重而紧迫,于是吃泡面、熬夜,幸亏时间很短。若长此以往,不善待自己,最终必将遭到身体的报复。

a04-21 一个胃溃疡过劳死的病例

2011年底,某地一个23岁的白领女孩,患有严重的胃溃疡。她竟顶着重病连续加班数天,导致出血性休克,最后不治而亡。年轻人精力旺盛,容易出现顶着疾病拼搏的情况,使病情进一步恶化,以致最终不治。

a04－22　出奇的懒汉

2014 年 10 月底,浙江某地一个奇怪的小偷几次偷了水果,每次偷得水果后,特地从监控摄像头下从容走过。警察将他抓住后,问他为何如此,他说希望这样做后能被抓进去,因为拘留后可不愁饭吃。此人来自外省,年仅 23 岁,不去打工,却整天泡在网吧里,等到身上的钱用光后,便出此奇招。编者曾经听说,过去有一富户的儿子读书到一定年龄后,就叫他去别人店里当学徒。这是个苦差事。经过几年的磨炼后,家里才让他回去管理家业。显然这样做有利于培养他吃苦耐劳的习惯与工作能力。

a05. 居家(21 条)

a05 居家 目录

(儿童在家里发生的事故见 a01 儿童。)

a05—19 蝮蛇入室

a05—20 蜈蚣入室

a05—21 凶狠的八哥鸟

a01—20 夺命蚕豆与防止误吞异物

a02—23 阳台晒衣生祸患

a02—24 春节大扫除的事故

a02—30 焦虑引发的心脏病

a02—31 邻里不睦的后果

a02—37 接连熬夜看球赛

a02—38 如厕中风

a02—40 新潮发型吓掉命

a02—42 持久玩牌乐极生悲

a02—44 高楼病人的一次急救

a02—45 一对空巢老夫妇的离世

a06—41 浴室玻璃突然炸裂

a06—42 钢化玻璃门自爆

a08—09 六楼女生宿舍的火灾

a11—01 小女孩举炊

a11—05 火场留恋不得

a11—08 熟睡女孩遇火情

a05—01　阳台晒被坠楼

2010年7月,杭州有一个50多岁的老人在阳台上晒被子时,不慎坠楼。幸亏中间被物体挡了一下,着地后虽多处骨折,却保住了性命。人到老年,手足会发软无力,反应也变得迟钝。若是赤日炎炎,精神就更难集中。所以做有潜在危险的家务活时,必须加倍小心。

a05—02　喜庆放鞭炮惹祸

2010年8月底,杭州有一人家,在办喜事放鞭炮时,鞭炮蹿到了11楼的阳台上,引发室内火灾。后来虽被消防队扑灭,该楼居室内经过水火交加后,损失与狼藉自不待言,喜庆的气氛也荡然无存。如果地面上只燃放些小鞭炮,如果阳台上不放易燃物,如果上班前关上阳台门,这样的火灾也就不会发生。

a05—03　因粗心无知而送命

2010年冬,有一个在某地干活的保姆已年过半百。这天她去15楼楼顶晒毛毯时,想起主人家的房门关上时未带钥匙,而厨房内正在煮南瓜。唯恐煮过头引发火灾,她便借来了绳子,想从顶楼吊下去进入室内。不料中途绳子断裂,她不幸坠楼身亡。忘记带钥匙是粗心,使用无保障的绳子是糊涂,粗心加糊涂,就这样轻易地送了命。如果打110电话求救,困难也许就迎刃而解,显然她事先不知道这种办法。

a05－04　电动车蓄电池的过夜充电

2010年底,某地,一个年过半百的老人和他的老父亲居住在一起。这天晚上,他将电动车的蓄电池放在电视机旁,充电过夜。不料次日早晨醒来时,发现蓄电池已引发了火情。他与老父亲两人就用湿毛巾捂住口鼻,躲入一个小房间内,并将门紧闭后报警。后来两人被救出时,此房基本完好,其余房间则烧毁严重。过夜充电着火,可能是充电器或蓄电池质量差,应该在充电前仔细检查,充电地点也应该妥善选择。着火后这父子两人的做法,无疑是很恰当的。

a05－05　拆晾衣架螺丝遭殃

2011 年初的一天，某地有一个 60 多岁的老人在 5 楼打扫自家卫生时，想拆除晾衣架上的一颗螺丝，谁知动手时一不小心跌了下去，幸好被 3 楼的晾衣架挡了一下，跌至地面，撞到了电动车和汽车上，导致骨盆骨折，但无生命危险。因为过去做过电工，有一定的高空操作经验，老人才会有胆量去拆那颗螺丝。但人老了，反应变得迟钝，事先应该考虑到这一点。一般人胆小怕事，干脆不碰，反倒没事。

a05－06　因一氧化碳丢了命

2011 年初，在杭州市区的边缘地带，一间二楼出租房内，一对 40 来岁的夫妻被发现时已死亡多日。房内有一煤炉，煤气味很重。估计是关闭门窗过夜，用煤炉取暖，发生了一氧化碳中毒。这种攸关性命的生活常识，如今几乎是尽人皆知。这对夫妇已是中年，竟如此无知而送了命，真使人感叹不已。

a05—07 便池“陷阱”

2006年夏，某地，有人在使用家里的厕所时，自己佩戴的眼镜不小心掉入了抽水马桶内。他用手去捞，但眼镜没有捞到，手却被卡住了，回不出来。最后是救援人员大动干戈，将马桶敲碎后，才得以解决。

a05—08 地漏“陷阱”

20世纪末，某地，一个老工人想把掉入自己家里地漏中的螺丝取出，用手指去挖，不料手被卡住，回不出来。前来营救的消防队员看到这种情况，一时间也束手无策。最后费了好大的劲,把水泥地面凿穿,那老工人的手臂才得以解脱。但地漏的部件仍卡在他手上,脱不下来。无奈之下,只好求助医院。显然,外科医生也是第一次碰到这样的“疑难杂症”。经过像金工那样一阵东敲西击后,问题才得到解决。

a05—09 慎防室外暗处的歹徒

2011年2月底的一天晚上,杭州有一个妇女,从美容院出来,回到自己的家门口,准备拿出钥匙开门时,突然从暗处窜出一个男人,将刀架在她脖子上,威胁要钱。她赶快把包里的几千元全部给了他,那歹徒随即离去。夜深人静,歹徒躲在住户家门口的暗处,伺机入室抢劫,这种案件并不罕见。尤其是妇女,此时更应提高警惕。

a05—10 如此好睡的女孩

2006年底的一个寒冬时节,浙江某地的一幢居民楼失火,楼上的人纷纷下楼逃命。此时有一人家的父亲,拼命敲女儿的房门,企图叫醒里面熟睡的女儿，但始终叫不醒她，他又无力撞开门，以致女儿最终被活活烧死。这种事件难以置信，但并不罕见。大约在1967年，杭州有一单位的筒子楼里面，住了好多户人家。这天晚上，有一对夫妻在别人家里打牌。年轻的女儿在家里很早就入睡了。等到夫妻俩打牌结束，回到自家门外时，才想起没有带房门钥匙。于是又敲又喊，想叫女儿起来开门，但始终没有成功。无奈父亲只好站在借来的凳子上，用接长了的竹竿，从门上面的气窗口伸到房内，想碰触女儿弄醒她，不料仍无济于事。最后父亲费力地从气窗爬入房内，才将房门打开。

a05—11 煤气爆炸与钥匙

1998年秋,某地有一人家,这天闻到邻居家的煤气味很重,便敲门告知。邻居得知后,即入厨房关闭煤气瓶阀门,谁知就在此时发生了爆炸。虽然厨房的窗一直开着,里面也烧得不严重,但此人的烧伤面积达80%。他长裤上的烧焦处正好挂着一串钥匙,因此怀疑是在关闭阀门时,钥匙相互碰撞产生的些微火花,起到了引爆作用。

a05—12 煤饼炉遇水

1999年7月初的一天,父女两人在杭州的一间出租房内午睡时,房里放着一只在烧水的煤饼炉。由于烧开后溢出的水流入炉中,导致燃烧不充分。由此产生大量的煤气使两人中毒。后来被送往医院抢救,一直到次日下午,两人才脱离危险。即使没有水进入,燃烧着的煤饼炉仍会有一氧化碳产生,所以根本不应该放在卧室里。

a05－13 无人看管的厨房

2000 年 11 月底，杭州有一人家，厨房内在烧开水，却无人看管，全家都在另一房间看电视。不久厨房中发生了猛烈的爆炸，玻璃窗被震碎。幸好未酿成火灾，人也只受到些轻伤。估计是壶中水沸后外溢，熄灭了火焰，以致煤气不断泄漏，遇到余火或电器火花时发生爆炸。虽然燃烧意外熄灭时能自动关闭阀门的煤气灶如今已经很普遍，但即使安装了这种灶具，使用时也不应无人看管。

a05－14 高压锅煮绿豆

2006 年 8 月初，杭州有一个妇女，用高压锅煮绿豆汤时擅自离开了厨房。不久街上的人听到一声巨响，接着有碎玻璃从 2 楼的一个窗口掉下，路人随即拨打 110 求救。后来人们入内检查，看到锅子掉在地上，绿豆四散一地。估计是高压锅放气时绿豆堵住了出气口，才引起爆炸。所以用这种锅煮绿豆须特别小心，不能放松监视。

a05－15　煤气灶具橡胶管的隐患

2007 年 7 月底，杭州有一个妇女，在进入厨房时，闻到一股浓重的煤气味。她便开窗通风，并检查了煤气阀门，发现完好无损后，就将它开启点燃。不料此时灶前突然出现了大火，她面部被烧伤。后来发现连接到灶具的橡胶管已被老鼠咬破，以致大量煤气泄漏。所以如今煤气公司建议，用户应该将这种橡胶管子换成金属软管。

a05－16　煤炉拎入浴室内洗澡

1998 年底，杭州有一个妇女，在进入浴室洗澡时，为了取暖，将一只煤炉拎入浴室内，以致最终一氧化碳中毒，抢救无效而亡。一氧化碳无色无味，刚开始吸入时没有感觉，等到觉得有中毒症状时，已无力离开现场，甚至喊不出话来求救。

a05－17　破电器遇到糊涂人

2006 年 6 月下旬的一天，浙江某地，一个 50 多岁的妇女进入装有电热水器的浴室洗澡时，不幸触电倒地。老伴得知后，入内拉她，也触电身亡。事后检查莲蓬头的金属软管，发现有70伏漏电电压，估计是电热水器未妥善接地的缘故。破电器遇到糊涂人，才有此结果。这种电器必须有可靠的防漏电措施才能使人用得放心。

a05－18　浴室玻璃被碰碎后

2007年春，浙江某地，一个40来岁的男子晚上进入家里的淋浴间洗澡时，遇到地上打滑，他便用手往玻璃板壁上一撑，不料由于体胖人重，玻璃被碰碎，手臂从破孔中伸出，腋下动脉被割破，大量失血后倒地不起。室外的人听到响声，又见血从室内地上流出，便进去查看。只见他倒在地上，已不省人事。后来送医院抢救，方知死亡已久。估计浴室未使用钢化玻璃与防滑垫，地面又有肥皂水，打滑倒地造成。真是小处马虎，招来大祸。

a05－19　蝮蛇入室

2010年7月底，杭州附近地区，一个老妇在进入自家的盥洗室时,不幸踩到了一条蝮蛇,结果左右脚都被咬了。送医院后,幸亏有相应的蛇毒血清备着,抢救及时没有大碍。此事件发生前不久,附近有人在自家天井里,也踩到过蝮蛇。老鼠要偷吃食物,所以是人们家里的常客,而蛇要吃老鼠,所以也可能随之而来。因此,靠近郊区的人家,必须要多一份警惕。

a05—20　蜈蚣入室

2010年7月底的一天,杭州有一户人家,几个人在一楼围着一只桌子打牌。此时一条蜈蚣从外面爬了进来,人们全然不知这五毒之一正在他们的脚边游荡。不久一人咬,顿时疼痛难忍。后来只好散了牌局,去医院治疗。看来靠近农村的人家,夏天各种毒虫的骚扰是件麻烦事。如果住在市中心地带,由于绿化地带十分有限,就没有这顾虑了。

a05—21　凶狠的八哥鸟

20世纪末,浙江某地,一个人在鸟的繁殖季节常去附近的山林用网抓鸟。这是违法的。一次,他在观察鸟笼中抓来的鸟时,有一只愤怒的八哥,突然伸出头来,啄伤了他的眼睛,这一下他是亏大了。平时我们看到的八哥,黑身黄嘴,既灵巧又听话,十分可爱。杭州有一个妇女将一只八哥训练得非常出色。每当她去菜场买菜时,它会停在她肩膀上跟着去,见到人还会打招呼。想不到这种鸟会有这样凶狠的一面。

a06. 出行(51条)

a06 出行 目录

(出行时遇到坏人所造成的伤亡或财物损失见 a03 妇女、a04 青少年、a19 诈骗和 a20 案例。溺水尚见 a10 水。)

a02—19　老人倒走锻炼而滑跌

a02—20　老人绊跤致骨折

a02—21　老人在厕所里滑跤

a02—22　路冰惹大祸

a02—26　偏僻路上的中暑

a02—27　雨天的斑马线

a02—28　伤人的遮阳伞

a02—32　老人也玩云霄飞车

a02—35　失控的轿车

a02—36　百米蛙泳赛

a02—39　炎夏酷暑慎外出

a02—43　过度爬山的后果

a03—25　反锁房门的后果

a03—29　跳下电梯的后果

a04—01　醉后热情要不得

a11—17　客房地板上的烟蒂

a11—20　春节扫墓引发山林火灾

a12—02　大树下遭雷击

a12—03　海滩上遭雷击

a12—04　船上遭雷击

a12—06　要提前了解一些急救知识

a12—07　使用耳机遭雷击
a16—04　马蜂蜇死牛
a16—05　晚上治马蜂
a06　a16—06　易被蜂咬的时节
a16—09　行人无端被犬咬
a16—10　沾染得的狂犬病
a16—11　被孕犬咬后
a16—12　上山扫墓被蛇咬
a16—14　秋凉蛇猖狂

a06－01 停在大门口的小面包车

2006年秋天，在杭州风景区的一家医院内，一个病人家属，正往医院大门外走去，准备叫出租车。此时有一辆小面包车，一半在医院的大门内，另一半在大门外的人行道上停着。病人家属贴着此车右边走到路上，不巧一辆公交车从小面包车左边路上迎面开来。由于此车的存在，病人家属与公交车司机相互看不到对方，等到看到时已躲避不及。这个家属被公交车撞出好几米远。于是这家医院马上多了个危重病人。这种交通事故平时很少发生，所以人们往往估计不到。要是这小面包车不如此堵在门口停车，双方的视线也就不会被挡住。

a06－02 公交车前乱穿马路

2008年夏天，杭州有一个30来岁的妇女，骑自行车在公交车左前方随意横穿马路，公交车随即停下。不料此时在这车右边突然冒出来一辆小面包车，她躲避不及而被撞成重伤，后来送医院不治。这一事故是因高大的公交车阻挡了双方视线，等到相互看到对方时，已躲闪不及。这就是乱穿马路的后果。

a06—03 斑马线上的车祸

2014年9月8日，这天是中秋节，杭州有一人家，祖孙三代三个人，吃过中秋团圆饭后外出。他们在穿过斑马线时，两个车道上的车皆已停住，第三个车道上的一辆小车却照开不误，结果将她们撞出几米之外，还撞了另外一个人。两个严重受伤的人中，80多岁的老妇无救。就在4个月前，杭州也有类似的事故发生过。由于视线被其他车子挡住，司机看不到过斑马线的行人，此时就应提高警惕。别的车道上的车在减速或已经停住时,就表明有人在过马路了。

a06—04　贪近求捷的后果

2014 年秋天的一个晚上,杭州一家超市附近的街上,居民吃过晚饭后照例出来在这一带散步。雨后的秋夜,气温适宜,空气清新,外出的感觉特别好,可是不幸的事故就在这时发生了。一个妇女在爬越栏杆穿马路时,被疾驶而来的小车撞飞,最后不治身亡。从这事故可以看出,有时候成人还不及小学生遵守交通规则。显然,根据平时的经验,这种贪近求捷之举是不会出事的。岂知就有这么一辆"不寻常"的车会突然出现,夺走了她的命。在这种性命攸关的大事上,原应小心万次以防一次的,岂能侥幸行事。

a06—05　斑马线上的隐患

2014 年秋天的一个晚上,在杭州一条马路上,一个妇女正在斑马线上走着。突然一辆小汽车疾驰而来,将她撞飞。后来妇女被送到医院抢救,生死未卜。当时视线良好，司机30多岁，自称有急事，所以开车快了点。此事表明，行人在过斑马线时，见到驶来的车子尚远，并不表示就万无一失，可放心行走。如果碰到冒失的司机，未减速，驶近时就停不下来，行人准得遭殃。

a06－06 车门被假锁

2010年初，四川某地，一人去银行取款时，把车停在银行外面，将原先已取的装有几十万元的钱袋放入后备箱内，用遥控器锁上了门。但等他从银行出来后，发现后备箱中的钱袋已不翼而飞。报警后此案很快告破，原来他进入银行前已被人盯上，等到用遥控器锁车门时，此人便躲在附近开启干扰器，使车门假锁。若他锁后再拉一下车门加以确认，就不会遭窃了。

a06—07 打火机与车祸

2008 年底，杭州一个有十多年驾龄的司机，在西湖边开车时突然来了烟瘾，用手去摸打火机，不料车子因此失控，开上了人行道，随即闯入西湖。也有司机在捡手机、赶蜜蜂时出车祸的，所以开车时容不得半点疏忽。

a06—08 看球赛与车祸

2010 年夏，某地一个二十几岁的年轻人，因熬夜看世界杯足球赛，睡眠不足，白天开面包车精神不集中，以致出了大车祸，结果死三人，伤一人。

a06—09 有潜在危险的车内物品

2010 年夏，浙江某地的一辆车内，一瓶放在仪表台上的香水因受日光暴晒升温，内部压力增大而爆炸。实际上，打火机、碳酸饮料也类似，手机也应避免日晒。老花眼镜为凸透镜，能使太阳光聚焦，成像处温度会上升。

a06－10　烈日下的车内温度

2012年7月上旬的一天，杭州气温高达37度。有人在烈日曝晒下密闭的汽车内放了温度计，到下午1点钟时，车内温度已达到了71度，此时鸡蛋也可以烤熟了。所以车内不能放香水、碳酸饮料和打火机等物，以免因高温引起爆炸或火灾。人在30多度就可能受不了。被遗忘在车内的小孩，因高温而死亡的事例，也有过多次报道。

a06－11　密闭车内点蚊香

2012 年 7 月上旬，某地一个司机将车窗关闭后，点了蚊香在车内睡觉，后来出现了呕吐等中毒症状。曾经有人在密闭的传达室内点了蚊香睡过夜，次日被人发现已窒息而死。

a06－12　车窗外面的双簧戏

2010 年 8 月的一天，某地高速公路上，一辆汽车的两边突然有人上来敲车窗，要求搭车。司机便开窗向他们解释，两人随即离去。司机后发现车内近窗口处的物件已遭窃。这些窃贼专盯价格较高的车子,根据车牌上的字母,针对性地说要去什么地方。司机在应答时顾此失彼,使他们的盗窃得逞。

a06—13 车灯线短路后

2010 年 8 月底,某地,一辆货车发生自燃,幸亏抢救及时,10 分钟内火即被扑灭,只烧了驾驶室。后来查明是大灯电线短路,产生了电火花所致。汽油蒸汽挥发后,所充满的空间尚含有空气,所以容不得半点火星。应该定时检查电路与油路,尤其在高温季节。

a06—14 蜂叮司机酿大祸

2010 年 8 月底的一天,一辆货车正在杭州附近的高速公路上行驶着,突然飞来一只蜜蜂,将司机叮了一下。他挥手驱赶,以致顾此失彼,车子失控,撞坏多处护栏后翻了车,幸亏司机伤得不重。车内没有空调时,天热势必要打开车窗通风,因此可能有蜜蜂或黄蜂飞入,此时最好不要理会,若它们受到驱赶,往往会主动攻击叮咬。

a06－15　打喷嚏出的车祸

2012年2月底，一辆行驶在浙江高速公路上的轿车里，司机忍不住打了个喷嚏，脚踩了一下油门，车子因此加速，撞上了前面的大巴车，造成车内一部分乘客受伤。误踩油门闯大祸的事例不少，打喷嚏造成误踩，却是十分罕见。

a06－16　大雾天开车玩命

2010年12月初的一天，杭州浓雾弥漫，能见度很差。一辆载有六个人的面包车因此迷失方向，撞断路边护栏，坠入河中。结果四人逃出，两人淹死。

a06－17　开自动挡车子尝新

2010年12月的一天，某地一辆轿车在市内行驶时失控，连撞了几辆车。后来得知开车的是个女司机，以前只开过手动挡车子。那天换了自动挡车后，由于不熟悉，错把油门当成了刹车，才酿成事故。

a06—18 急刹车、过山车与颈椎

2012年3月初，某地的一个中年妇女，在坐游乐场里的过山车时，颈椎由于突然移动，脱离了正常位置，使脊髓与神经的功能受到了影响，造成瘫痪，以致手足不能动弹，随后送医院救治。这种事故在平时乘车碰到了急刹车，或车子相撞时，也可能发生，而且发生的概率要比坐过山车大。

a06—19 错踩油门车入河

2011年夏，某地一个20岁的女孩在河边倒车时，撞断围栏，车子掉入河中。路人见后就下去抢救，但力不从心。后来来了消防队员，进入车内剪断了安全带，才救出女孩。她在送往医院时已生命垂危，最终无救。估计她是错把油门当成了刹车，错踩油门后才误入河中。这女孩拿到驾照还不满一个月，却在河边摸索，其危险可想而知。

a06—20 误碰油门车入河

2012年6月初，一辆外地来的轿车停到了杭州

两条马路交叉口的河边。车上有夫妻俩,加上丈人丈母娘和女儿,一共5人,由丈夫开车子。不料他在关车门时,不小心碰到了油门,车子立即窜入河中。结果丈夫与丈人侥幸逃脱,妻子与丈母娘遇难,女儿送医院里抢救。误踩油门惹大祸,时有所闻,除了司机开车时思想高度集中外,别无他法。

a06—21　撞车撞墙撞小孩

2014年10月初的一个早晨,天气晴朗,不用说,准备出游的人有多高兴。某地一个中年妇女,驾着一辆轿车,准备倒车驶到一个车位上。由于不平的地面有一个坡度,她便踩了一下油门。因为用力过猛,先撞上了另外一辆轿车,再撞上一个小孩,最后将房子的墙壁撞出一个大洞后才停住。幸亏小孩伤得不重。许多车祸是因慌乱中误踩油门所致,而停车时出这种事故,实属罕见。人们说防火防盗防女司机,显然这是戏言。但假如慌忙中拿不定主意,应对时缺乏沉着果断,就容易出这种事故。

a06—22　猛开车门闯大祸

2011年夏,杭州有一辆出租车在经过一家面馆时,乘客突然说要下车充饥,司机便将车就地停下。不料乘客打开车门时,正好撞着了后面驶来的一辆电动车,导致骑车人严重受伤,后来不治身亡。由于出租车司机违章停车,被判在这次事故中负全责。他因此受到了赔钱、禁驾,再加上刑拘数月的惩处。一时疏忽,竟闯下如此大祸。

a06—23　三两白酒带来大麻烦

2011年8月中旬,某地一辆旅游大巴车司机与朋友聚餐时,喝了三两白酒与几瓶啤酒,睡了9个小时后,次日便开车上路。他估计此时体内酒精含量已明显下降,岂知快要到达目的地时,被查出为酒后驾车。由于是开大巴车酒驾,处罚着实不轻:罚款5000元,停驾5年,期间不得申领驾照,外加拘留15天。由于各人的酒精代谢能力不同,有的9小时后体内的含量可以降得很低,有的则不然。

a06－24　电动车的醉酒驾驶

2012年3月底，一个在某地的外省男人喝了半斤白酒后，就骑电动车上路，途中不幸与一辆轿车发生了碰撞。轿车司机是个女孩，那外省人向她提出了赔偿要求。女孩求助交警，交警根据电动车的重量与车速，认为应该属于机动车范围。另外，那外省人已经达到了醉酒状态，所以自己的麻烦已经够大，更别想得到女孩的赔偿了。

a06－25　被追尾的面包车

2011年8月的一天，某地，一辆停着的面包车在路上等绿灯时，被后面一辆轿车追尾，面包车油箱立即起火。车内除司机外，乘客为夫妻两人，加上他们的一子一女两个小孩。火势只几秒钟就蔓延到了车内，司机与夫妻俩侥幸逃脱，两个小孩坐在车后面，皆被烧死。这种事故发生的概率虽不大，但由于面包车与大客车的发动机都在车后面，撞后起火的概率比轿车的要大.

a06－26　可畏的高档轿车

2012 年 2 月初，某地一个妇女驾驶广州本田车与价值 1200 万元的劳斯莱斯车发生了刮擦，交警判本田车负全责。初步估算要赔好几百万，后来与修理店反复协商，最终确定赔 30 多万。其中车门就要 20 万，保险公司只出了一半不到，所赔费用足够买一辆中档轿车了。如果太粗心撞上了这种高档车，天价赔偿只能怪自己。

a06－27　高楼掉外墙

2008 年秋的一天，浙江某地，一幢高楼的大块外墙脱落，导致行人头部严重受伤。此楼于 19 年前建成，这种事故的后果往往非常严重，所以采取相应的防范措施刻不容缓。

a06－28　高楼坠窗

2010 年 12 月初，杭州一个在 17 楼的住户因为需要室内换气，将窗推开。不料 1 米多宽的玻璃窗连框一起脱落,砸坏了路上的几辆汽车,幸好无人受伤。1984年7月,香港有人在睡觉时打哈欠伸懒腰,脚往窗槛上一撑,竟连窗带框一起推了下去。

a06—29 21层高楼的玻璃幕墙

2011年夏的一天,某地有一幢大楼,位于21楼的玻璃幕墙突然松脱掉下。此时地面上正好有两个女孩经过,掉下的幕墙砸到了她们,导致一个伤脚,一个伤腿。后一女孩伤势很严重,她年仅19岁,最后不得不截肢。所掉下的玻璃幕墙系21楼一家公司私自改装的。施工方只图营利,做出这种拆烂污的事情,实在令人遗憾。

a06—30 跷跷板窨井盖

2010年秋天,某地,一个男青年从公共汽车上下来后,走了几步路,踩到了一只矩形的窨井盖。由于此盖已破损,被踩后其以对角线为轴转动,结果男子脚踩进窨井孔中。盖子的一角向上翘,将其裤子割破,并且伤到了此人的阴部,真是防不胜防的灾祸。

a06－31　上山驱蛇遇马蜂

2008年秋天，杭州有一个老人，在玉皇山游览时，边走边用木棒在草丛中拨动，驱赶可能隐藏的蛇。不料蛇没有碰到，却触动了一个马蜂窝，随即遭到大群马蜂攻击。他急忙逃到公路上躲避，但已经被叮咬了好几十处。

a06－32　山上的野猪夹

2010年10月初，杭州有一个采草药的村民，在上山采药时，一只脚不小心被野猪夹夹住，动弹不得。幸亏他带着手机，便向有关方面求救。救援人员得知后，徒步上山，也没有带能打开野猪夹的专用工具。他们找到那村民后，试了许多办法，最后还是使用木棍才将夹子慢慢撬开，幸好伤得不重。野猪夹是不准随便放的，而且当地也有村民介绍过更好的野猪夹，既简单又安全。

a06－33　上山割草遭蜂咬

2008年11月中旬，天气已经相当寒冷。杭州近郊有一对老夫妻,有一天上山割草时,不小心扰动了马蜂窝,遭到叮咬。老汉脸部发肿,送医院救治。老妇打死了几只马蜂,手也肿了。上述事故表明,这个时节天气虽然已经相当寒冷,但马蜂仍具有攻击性。

a06－34　淤泥陷阱

一个人如果陷入淤泥中,是十分可怕的事,因为不能像在水中那样自由游动离开,却因重力的作用而逐渐下陷,使脱离险境的希望越来越渺茫。2010年5月,一个到深圳旅游的女孩在海边观赏景色时,忽然一个大浪冲来,把她的挎包卷入水中。她想抓住它,不料水下是又深又松的淤泥,很快就陷了下去,只有肩膀以上部分露出水面。由于很少有人去那里,一直到了晚上,才有人在远处经过,隐约地听到了她的呼救声。前去营救的公安人员,先给她穿上救生衣,再慢慢地将她拉出水面,救上岸。

2010年4月初,一个外省来的孕妇,由于迷路,陷入了湖北某地的一个淤泥滩中,达四天之久,因为很少有人去那里。等到她的呼救声被远处碰巧经过的行人听到时,孕妇腰部以下已完全陷入淤泥中。

消防队员尝试用各种办法营救。最后在她周围设置一个木板框子,不断轮换人员,把框内的淤泥一点点地挖走。一直忙到午夜,孕妇才得以救出。

上面的例子可以看出,一个人陷入淤泥后后果有多严重。

a06—35 淤泥滩上观风景

这是又一起和上面情况相似的事故。2010 年冬天,一个女孩在内蒙古某地的黄河边上游玩,由于脚踩在淤泥滩上,不知不觉越陷越深,不能自拔。幸亏此后不久,来了消防队员。他们试了许多办法,费尽周折,才使女孩脱离险境。若腿部陷在淤泥中时间过长,低温会导致腿部肌肉坏死而须截肢。

a06—36 如此黄山探险

2010 年 12 月中旬,上海某高校的十多个学生在黄山探险时迷了路,幸亏其中一人用手机成功告知了在上海的亲戚。后来上海、黄山两地的公安人员上山营救。由于手机信号不好,费了好多周折才找到他们。结果大学生全部获救,而黄山一年轻的公安人员却为此献出了宝贵的生命。

a06—37 水边拍照弄姿丧命

在世纪之交的一个春节假期,有母女两人去南方旅游,她们来到一个景点的水边游览。看到那里景色优美,女儿便要她母亲给她拍一张。她站在岸边摆弄姿势,岂料在后退时顾此失彼,一脚踏空跌入水中。母亲见状即奋不顾身跳下去救她,可怜母女两人皆不会游泳。后来女儿被别人救起,母亲就此一去不返。

a06—38 柬埔寨的人群推拥踩踏事故

2011 年 11 月 22 日晚,在柬埔寨首都金边的钻石岛上,人们庆祝传统的泼水节。当时是人山人海,但后来不幸发生了踩踏事故,导致三百多人死亡。人群拥挤时,后面的人看不到前面的情况,只管往前挤,就很容易发生这种事故。20 世纪 80 年代,浙江某地的一次元宵节上,也发生过类似事故。

a06－39 印度的人群推拥踩踏事故

2014年10月3日，印度北方某地的一个广场上，盛大的宗教庆典活动刚结束，人们在散去时，由于通道狭小而显得拥挤不堪。此时有人喊电线脱落起火了，于是人们争着逃离，推挤踩踏随之发生。结果造成33人死亡，多人重伤，多为妇女和儿童。人多一乱，就易发生这种惨剧，所以每逢这样的场合，有关方面除了严阵以待外，还应大力做好群众的宣传工作，提高预防意识。

a06－40 六和塔踩踏事故

1975年2月底，正值早春时节，一批小学生组织去杭州六和塔游览。塔内楼道不宽，但供有秩序的游客上下毫无问题。这一天，正当小学生列队上楼参观时，楼上有个捣蛋学生突然将电灯关掉，大叫鬼来了。顿时引起了混乱，大家争着下楼，推挤踩踏，造成多人伤亡。如今各地旅游事业蓬勃发展，经常有人群集中在狭小空间里，因此很值得有关部门引起警惕。2014年底，上海外滩因为人们观看夜景,还是在室外,也发生了死伤严重的踩踏事件。

a06－41　浴室玻璃突然炸裂

2011年初,某地有一女孩去东南亚旅游,在一家旅店洗澡时,浴室玻璃突然炸裂,导致多处受伤。人在异国他乡,经济索赔上也一定增加不少困难。

a06－42　钢化玻璃门自爆

2014年8月,某地有一个妇女,在走近一家商店时,店门上的玻璃突然碎裂掉下,碎片伤到了她。据说钢化玻璃产品中的一部分,在出厂四五年后可能会自行爆裂。这种概率虽然不高,多加小心还是不会错的。

a06－43　致命的背包

2012年2月初,某地,一个妇女在下公交车时,右边背了一个大包,左手牵着个小孩。不料车门关闭时包被夹住,接着车子就开动。这妇女立刻被卷到了车底下,遭碾压而死。此前小孩被她尽力推开而幸免于难。这一惨剧是多个因素巧合所造成。背了个大包下车,容易被车门夹住;司机观察不到位,所以很值得引起人们的警惕。

a06—44 游太湖遇险

2012年4月初,正是游春的好时节。三男一女四个大学生,乘一艘快艇游览无锡的太湖,有专人驾驶,应该是十分尽兴的事。谁知祸从平地起,灾自浪中生。快艇行驶了一段时间后,驾驶员见前面有两艘船挡住去路,便试图从它们中间穿过去。不料中间有缆绳系着两艘船,于是惨剧发生了。快艇被这条缆绳掀翻,四个大学生溺水身亡。后来得知驾驶员是酒驾,四个大学生皆不会游泳,又未穿救生衣。真是偶然中包含必然,平时这样随便惯了,一有险情不出事才怪。

a06—45 风筝线的事故

2012年3月中旬,正是放风筝的好季节。杭州的西湖边靠近断桥处,放风筝的人最多。这天有一个老人,在收风筝线时,正好一个妇女送她的小孩去上学。他们骑了电动车经过那里，小孩坐在她前面。此时风筝线不巧碰到了小孩的颈部，母亲见后，急忙用手去挡，结果小孩颈部出现了一道长的伤痕，母亲的虎口也被勒伤。老人赶忙上前道歉，并赔了钱。

a06—46　住宾馆得了性病

2012年7月初，趁子女放暑假，南方某地有一人家，全家老小六口，高高兴兴地去了一个大城市游玩，还在那里住了高级套房。但玩毕回家三周后，都得了尖锐湿疣。很明显这是住了不清洁的旅馆所致。房间与洗手间有没有消毒过，肉眼是看不出来的，全靠旅馆职工的责任心。高级旅馆如果碰到个低级职工，经理是欲哭无泪的。这应该是极个别的现象，但作为出行的旅客，多加防范不会有错。

a06—47　超车争吵咬断指

2014年8月底的一天，某地的一个车库出口处，一辆奥迪车离收费口只剩数十米距离，不料后面一辆宝马车突然超车，加塞到了前面，并且刮伤了奥迪车。车主便上前与之理论，谁知最后两人竟由争吵发展成肢体冲突，直至奥迪车主被咬断拇指。由于手指被牙齿咬断，细菌感染严重，不能再接，好端端的一只手，就此变成了残缺。宝马司机除了负有刑事责任外，还得赔偿损失。冲动是魔鬼，这句话一点不假。

a06—48　出租车疲劳驾驶撞大树

2014年8月下旬的一天，北方某地，一辆出租车载有两名乘客，不幸在行驶途中撞上了一棵大树，导致车上连司机3人全部遇难。这起车祸应该是疲劳驾驶所致，值得出租车司机高度警惕。

a06—49　连日大雨的两起车祸

2014年8月，我国许多地方连日大雨。杭州地区某处，因水面与地面等高，一辆小汽车误驶入水中。当时路边有许多人看到，便立即下水营救，最后车内人员全部被救起。同一时期在广东某地，一条公路上的一个涵洞里，因连日大雨，积水深达4米，一辆小汽车误入后，车上7人全部遇难。

a07. 人际(5条)

a07 人际 目录

a04—05　农夫与蛇故事的现代版
a04—07　一时冲动酿大祸
a04—08　被网入歧途的少年
a04—09　如此方式摆脱上网成瘾
a04—15　如此脆弱的男孩
a04—17　不堪学业负担的子女
a06—47　超车争吵咬断指
a18—02　从赌博到殴打的连锁反应
a20—02　热恋中横生的悲剧
a20—03　小处不让成大祸的命案
a20—04　校园血案
a20—05　毒女凶案
a20—06　因失恋而走极端

a07－01　网吧群殴

2010年夏的一天，某地的一个网吧里，一个年轻人邀请同在那里的一个陌生人加为好友，不料遭到拒绝。那年轻人再邀，结果引起争吵。后来多人参与，恶语相加，甚至用刀棍群殴，导致数人受伤，最后遭刑拘。平时讲究文明礼貌，注意交友方式，就不至于无端惹事，发展至此。

a07－02　如此冲动的妇女

2010年8月初的一个早晨，一对夫妻在某地的一条河边争吵。不久妻子冲动投河，丈夫立即跳入

去救。岂料两人皆不会游泳而遭难，河边他二人的两个小孩顿时成为孤儿。

a07－03　酒后“包弄大”

众所周知，包龙图是北宋清官，办案铁面无私。若是哪个地方来了个清官，人们往往也如此称呼。相反，要是来了个糊涂官，案件越处理越糟，就被称为“包弄大”。一个人酒醉后往往神志不清，亢奋冲动，容易惹是生非，所以也可用包弄大这个词来形容，下面就是一例。2010 年 9 月初的一天，浙江某地，五六个同乡在餐馆里相聚，其间多喝了点酒。出来后，其中一个半路上在别人家门口小便，从而引起了争吵。后来醉酒者敲击此家停在路边的汽车，对方便用刀砍伤了那人的左手，最后不得不送往医院救治。原来一点小事，由于平时未养成礼貌待人的习惯，酒后就更加容易失控，以致惹出了大麻烦。

a07－04　异地遇老乡

2010 年秋的一天，两个在某地打工的海南人，在路上偶遇一个陌生的老乡。后来应此人的请求，两人便留他在自己的住所过夜。不料次日早晨醒来时,发现他正在翻两人的东西寻找财物,于是就扭打起来。那人寡不敌众,便拔出刀来,将两人刺伤后逃走。

a07－05　近邻不睦非小事

2011 年底,某地一个在 20 楼的住户,因楼上噪声、漏水等问题,多次与邻居发生争吵,直至后来带领几个壮汉,上楼打砸闹事,以致发展到了有人受伤昏倒的严重地步。楼下的住户常常不堪楼上发出的噪声、漏水等烦扰,而上楼交涉。开始时,楼上邻居多数会接受而加以注意,但往往因无切身体会,难以做到时时刻刻保持安静。如此日子一久,楼下住户忍无可忍,争吵便进一步升级,甚至发展到采取极端行动,造成两败俱伤的地步。

a08. 学校(11条)

a08 学校 目录

a08－01　学生推拥下楼酿惨剧

2000 年 12 月,某地的一所中学里,一天在下课后,许多学生拥挤在一起同时下楼。由于人多,发生了推拥、跌倒、踩踏等现象,结果死了五人。新疆某小学也发生过类似事件。拥挤的人群前进时,往往隐藏着很大的危险。因为后面的人不知前面情况,只顾朝前推拥,由于通道不畅,就容易跌倒。前面的人一跌倒,随后的人却无法停住,从而产生了踩踏事故。

a08－02　一起严重的学生踩踏事故

2014 年 9 月下旬,在某地的一所小学里,一、二年级学生下楼时,发生了严重的踩踏事故,造成死伤甚多。该校有规定,一、二年级学生吃过中饭后,须到与学校相邻的一幢居民楼内午休,该楼共有七层。这一天,在临近午休结束,一楼至二楼的楼道口,有两块大的海绵垫子靠在墙上,几个学生拿了其中一块放在地上,正在踩着玩耍。不料下午的上课铃刚响过,大批学生下楼时,靠在墙上的另一块垫子突然倒下,压在几个玩耍的学生身上。楼上的学生不知情，不断推拥下楼，踩在垫子上经过，悲剧也就随之发生。为防止学生下楼时发生事故，此前该校已有详细规定，大批学生下楼时须有老师带领。事故发生时也确实有老师在，垫子的倒下实属意外，难以预料。但发生了如此严重的事故，死伤了这么多小孩，主要责任终究在老师，在校方。可见照看小孩，必须精细入微，在这一点上，和父母在家里照看子女没有什么两样。上述事故启示，在有狭长通道或楼梯的公共场所，除了有常见的安全出口标识外，也许还可以在通道两边的墙壁上多处加装通行灯与禁行灯。碰到有紧急情况时，人们随处可以进行这两种灯的转换。这样的装置即使几十年才用上一回，若能避免重大事故的发生，也完全值得。

a08－03　绕不过人生路上的“无盖窨井”

世纪交替之时，北方某地，一个中学女生，因在考试时作弊，当场被抓。事后她觉无颜对人，便写下遗书后跳楼自尽。在 2006 年与 2008 年，安徽、浙江等地也发生过类似事件，有的甚至可能是误会造成。这些事件使人感到非常痛心。现在的青少年，性格脆弱。学校只管教课、膳食等学习、生活上的事是不够的。漫漫人生路,作为一个少年,后面的"无盖窨井"还多着呢。此外,在预防、处理学生错误行为的做法上,有关方面应下足功夫去完善,避免简单化,实在太需要了。

a08—04 中学生畏学跳楼

2014 年 9 月下旬,某地一所中学里,住读的两个高中新生都是男孩,在夜里一起跳楼自杀,一人当即死亡,另一个在送医院途中也告不治。两人留有遗书,说是不堪学业重压而生厌世之念。可怜好好两个少年,人生道路还没有走几步,已入如此痛苦境界,这难道仅仅是性格懦弱与能力差所致吗?其实大家都心知肚明,学校要争高考录取率,家长希望子女不要输在起跑线上,招工单位重视学历,谁都感到是为形势所逼,不得不如此,从而共同形成了这么一个对学生施压的环境。

a08—05 小女孩未扎头发被禁考

2006 年初,某地有一个初中女生,因未扎头发,被剥夺了参加期末考试的权利。她小小年纪从未经受过这种挫折，以致后来竟想不开而投河自尽，留下无限的悲痛给亲人们。对比上面的“绕不过人生路上的‘无盖窨井’”，学校实在有脱不开的责任。这又是一起很值得警惕的事件。

a08－06 中学生长跑生祸殃

2011 年春天的一个上午，某地一所中学的操场上，许多学生正在跑步。突然其中一个 16 岁的男孩倒地不起，不省人事。等到 120 救护车来时，他瞳孔已经放大，呼吸、心跳全无。后来在医院抢救了半天，还未脱离生命危险。事实证明，平时心脏功能正常的人，在运动量或工作压力变得不堪负担时，可能会突然发病。所以尽管少年进行跑步锻炼司空见惯，这样的病例也极少见到，却不得不防。

a08—07　谢师宴与毕业散伙宴

2010 年 7 月初，或是因为放暑假，或是因为毕业，杭州有不少学生设宴欢聚。由于年轻气盛，席上难免失控，出现狂饮暴食，以致酒醉昏迷，急性胰腺炎频发，给医院增加了不少病人。人们若在短时间内摄入蛋白质量过多，易导致胰腺炎。所以这种毛病在节日或聚会时就容易发生。

a08—08　可怕的马蜂

2011 年 11 月上旬的一天，南方某地，一群小学生在放学后走山路回家时，遭到马蜂的疯狂攻击。其中一个女孩后来不治身亡，其余学生也不同程度受伤。这些马蜂突然从草丛中飞出，众小孩躲避不及，慌忙中也不知如何正确应对，以致遭此不幸。2005 年某地，一群小学生出游时，在郊外也遭到马蜂攻击。后来小孩们躲入河边的水中，一直等到傍晚，马蜂才飞走，所以它们真是比毒蛇还难对付。由此看来，清除路上或住所附近的马蜂窝，了解马蜂攻击时的应对措施，防患于未然，实在很有必要。

a08－09　六楼女生宿舍的火灾

2008年11月中旬，某地一所高校六楼的女生宿舍内，由于有人使用热得快烧开水，不小心引发了大火。当时有四个女生被困，无法逃离。由于火势逼近，她们不得已从六楼阳台上跳下，结果都当场身亡。因为学校供应的开水费用较贵，下楼去灌水费时又费力，诸多原因使学生违规使用热得快，校方应对措施又不力，才有此恶果。

a08－10　女孩怪举

2014年9月底，某地一个中学的宿舍内，几个高中女生持刀对另外几个女生进行猥亵。事后还威胁她们不许告诉别人。女孩有如此怪诞行为,实在使人惊叹不已。这是什么原因造成的?应该如何去防止?有关方面务必高度重视。

a08－11 发狂的父亲

2014年9月1日,开学的第一天。某地一所小学的教室里,突然闯进来一个人,举刀砍伤了多个学生。老师上前阻拦,也被砍成重伤。不久来了警察,凶手见状随即跳楼身亡。后来得知凶手之女是该校五年级学生,因未完成暑假作业,学校不让她报名入学,其父怀恨在心,竟于开学当天入校行凶。据传该学生因成绩差,所以被学校劝退。后来其父求别的学校收留,皆遭拒绝,从而走此极端。不管怎样,这些都成不了行凶作恶的理由。但因成绩差,就被拒于校门之外,就有问题。求学无门,这种现象决非正常,应该有个妥善解决的办法。发生如此事故,遗憾叹息之余,留待人们思考的太多太多!

a09. 工作场所(17 条)

a09　工作场所　目录

---

a01—05　深坑水坑了人

a01—06　水上餐馆的遭遇
a01—07　围墙内的“城河”
a01—12　水池出水口的隐患
a01—15　工地上的危险陷阱
a01—16　水泥管陷阱
a01—17　窨井凶险大于河
a01—23　难产的烦恼
a01—24　小儿麻痹症糖丸
a01—54　自制的移动铁栅门
a01—58　无盖的电动扶梯
a01—59　电动扶梯的事故
a01—61　后挡板高的货车
a01—69　高楼的钢化玻璃窗
a01—71　婴儿产入火盆
a01—75　电动扶梯的大事故
a01—76　超市外面的游戏机
a01—77　溜冰场上的事故
a01—79　车内的中暑
a01—82　抓鸟触电
a01—85　工地上的水泥搅拌机
a01—89　割安全绳的小孩

a01—92　翻过护栏喂熊的男孩
a01—93　凶狠的猞猁
a02—05　孝敬老人的蛋糕
a02—08　年糕堵
a02—21　老人在厕所里滑跤
a04—18　超负荷工作的男青年
a09
a04—19　超负荷工作的打工妹
a04—20　长期过劳的后果
a04—21　一个胃溃疡过劳死的病例
a06—27　高楼掉外墙
a06—28　高楼坠窗
a06—29　21层高楼的玻璃幕墙
a06—30　跷跷板窨井盖
a11—02　如此“潇洒”用煤气
a11—03　鞋厂火灾
a11—04　电线短路与聚氨酯海绵
a11—06　烧电焊与油漆桶
a11—07　五金店卖柴油招灾
a11—10　懒清烟道招火灾
a11—12　爆竹声声祸害生
a11—13　火锅的酒精炉爆炸

a09－01　废井的隐患

1998 年夏天,浙江某地,一个民工在清理一口长久搁置不用的废井时,因井内缺氧而昏倒。井上的人不明情况,便下去救援,结果出现了同样情况。最终一人无救。

a09－02　污水池成毒气池

2006 年夏天,浙江某地的一家工厂内,一个民工在清理污水处理池时,发生了中毒现象。另外 5 人不明情况,次第下去救援,结果也中了毒。后一人无救。通风不畅的污水池内存在有毒气体,清理前必须充分通风与检测。

a09－03　腌菜池内藏杀机

2011 年夏天,某地一个蔬菜加工厂的腌菜池内,两个工人在下池清除腌菜汁时,昏迷倒下,上面两人见状即下去救援,也相继中毒。后来 4 人送医院抢救,两人不治。腌菜池中毒并不罕见。如在

2005年,福建某地也发生过类似事件。可怕的是池中存在有毒气体,刚下去时不觉得,等到不行时已经无力离开。而上面的人见有人昏倒在池中,往往奋不顾身地下去抢救,结果也中毒。

a09—04 沙发中的聚氨酯海绵

2007年初,某地一家沙发坐垫加工厂发生火灾,使人感叹之余,也得到了许多深刻的教训。该厂加工的聚氨酯海绵坐垫,是用电热丝通电后,高温切割成一定尺寸的。而聚氨酯在温度超过160度或遇到明火时即燃烧,产生一氧化碳等剧毒气体。所以高温切割这种材料简直是在玩命。当时该厂的一幢三层楼房内,总共有十几个人,起火时中毒如此迅速,以致无一人来得及向外面呼救或逃出。事后查明,一楼切割海绵的工人被烧死,其余在二、三楼的皆中毒倒地,仅其中两人后来被救活。

a09—05 排污井成毒气井

2010年5月的一天,杭州某处有三人下排污井工作,不幸因气体中毒而昏倒。后另一人下去救援,由于未带氧气瓶，他将中毒的人救出井后，感到四肢无力，连话都喊不出就倒在井里。幸亏消防队员及时赶到，下井后将他救出。

a09－06　通风不畅的厨房

2010 年 11 月下旬，杭州已经十分寒冷，这天有一家餐馆的厨房内，两个女服务员出现了昏迷症状，随即被送往医院抢救。该厨房无通风设施，人们在冬天更不会大开门窗，估计是一氧化碳中毒所致。

a09－07　新下水道阴差阳错夺人命

2010 年 8 月底，某地一条路上的排污管道新建好，在使用前，三个工人进入窨井内准备将通向一家单位的新支管堵头打开。这根还未使用的支管两端各有一个堵头，由于总管与这根支管皆未使用过，工人们以为里面应该没有污水，从而也不可能存在有毒气体，所以未检测气体就下井工作。岂知那支管通向这家单位一端的堵头已被人提前打开，污水早已进入支管(这时候若在通向总管的堵头打开前检测总管内气体,恐怕也未必能测到硫化氢超标)。在他们打开堵头后,大量有毒气体涌出,此时已躲避不及,最终三个人均告不治。这井下的硫化氢浓度很高,一个下去救援的消防队员仅仅待了1分钟,上来后已无法走路。

a09—08 封闭20年的地下室

杭州某处的建筑有一个地下室,20年前建成后一直密封着。2010年秋的一天,两个工人进去施工,不料其中一人将封墙敲开一个孔后,就闻到一股怪味,只走了几步,便昏迷倒地,后面进去救援的工人也跟着倒下。事后两人送医院抢救,幸好无生命危险。长久通风不畅之处,进入前应设法充分换气与检测,以免受到可能存在的有毒气体的致命威胁。

a09—09 冒险安装空调室外机

2010年8月底,一个来自江西的中年人在杭州一幢房子的四楼外面安装空调。地面上的居民看到他未穿戴安全带,都感到吃惊。不久就听到沉闷的坠地声,后来他在送往医院途中气绝。事实上干这种作业的人为了方便,不少人不愿意穿戴安全带。

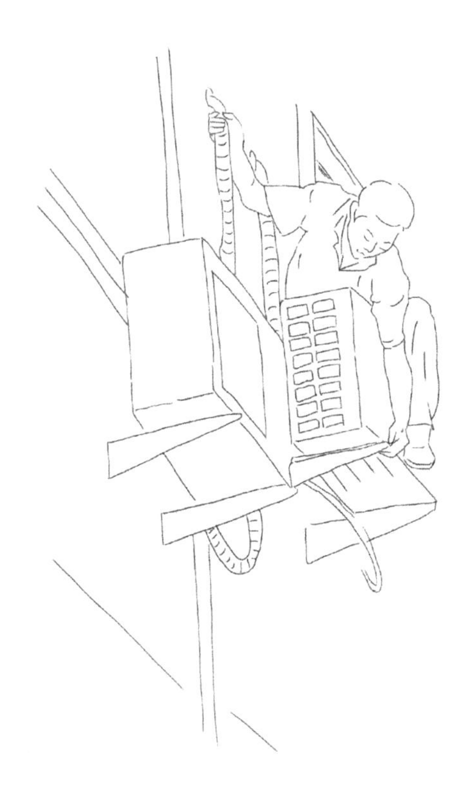

a09－10　地铁工地赶工期

2010 年 12 月初,某地的一个地铁工地上,因年底将至,为了赶时间,工人未严格遵守操作规程,以致上面有人踩踏时,掉下的土块压死了正在下面作业的一个工人。赶工期与安全,孰轻孰重,一目了然。

a09－11 挖沟埋管致塌方

2010年底,某地的一个建筑工地上,三人在沟中进行挖沟埋管作业。不料沟两边的土块突然塌陷,掉入沟中将三人埋住。等到被挖出来时,已过去了好几个小时,其中一人无救。路上行车有“宁停三分,不争一秒”的警语,这同样适用于挖沟,为赶时间仓促作业而丢了命,就什么都没有了。

a09－12 高温高空作业莫硬撑

2010年8月初,某地的气温高达39度。一个在建筑工地二楼干活的木工,昏倒后摔了下来,头部正好被地面上直立的钢筋贯穿。后来钢筋虽然被取出,却未脱离生命危险。气温过高,应果断停工,尤其是有潜在危险的工作。此时工人可能难于自做主张,只好硬撑,所以主要还须依靠领导的多加体谅。

a09－13　建筑工地上的中暑

2014 年 7 月底的一天，某地的最高气温已接近 40 度，一个 30 来岁的工人不幸在建筑工地上中暑。他体温 40 度，人昏迷不醒。后经医院抢救，体温虽已正常，人仍昏迷。赤日炎炎，接近 40 度的高温，工地上人们挥汗如雨，虽还未停止施工，但各人对高温的承受力不同，此时就得靠自己保持警惕，及时做出决断。

a09－14　塔吊遭雷击

2010 年 8 月，一个雷电交加的下午，杭州某大楼的建筑工地上，一座塔吊遭到了雷击，在它上面的操作工也受了伤，后来送医院抢救。雷电来前有预兆，室外高空作业该停的应及时停下。

a09—15 气压椅爆炸

2011年底，某地的一家公司里，一个妇女坐的一只旋转气压椅突然爆炸，飞出的椅子部件导致她严重受伤。2009年初，山东有一少年，因此种椅子爆炸而致死。人坐着时，这种椅子下面的一个部件受到压缩，内部压力高达20余个大气压，所以购买这种椅子时，应该选购正规厂家的产品，便宜而质量差的不可靠。

a09—16 清点钞票莫嫌烦

2010年11月初，某地有一个妇女，从一家银行取出数万元后，未当面清点就放进自己汽车，后到另一家银行存入，但此时却被告知少了1000多元。她即回到第一家银行交涉，不料银行坚持说没有错。既然没有错，检查以前的监控录像就成了不可能的事。幸亏后来在一家热心媒体的斡旋下，银行同意了检查录像。不出所料,录像中发现银行在收取上一个客户存款后,包装时少放进了1000多元。银行的监控录像是不能随便看的。若非媒体的支持,若非监控录像里可看清这一操作,就只能自认晦气了,所以客户当面清点钞票少不得。

a09－17 可怕的粉尘爆炸

2014年8月初,某地,一家金属制品公司发生剧烈爆炸,导致45人当场死亡。到这个月下旬,总共有70多人死亡,180多人受伤。该公司主要从事铝合金制品的电镀加工,爆炸地点为汽车轮毂的抛光车间。金属电镀部件的抛光,必然会产生金属等一些物质的粉尘,悬浮于各处,遇到明火、电火花或物体碰撞产生的火花,就会爆炸。金属、煤炭、粮食、饲料、农副产品、林产品、合成材料(如塑料、染料)的加工中,都有可能产生悬浮于空中的微小粉尘。如果它们浓度适当,湿度适当,碰到高温的火花或者明火,就会引起爆炸。一旦发生爆炸,后果特别严重,所以必须时刻保持警惕。

a10. 水(14条)

a10－01 害人的三脚猫游泳经验

曾经有一个小孩为了逞能，不会游泳也与人打赌，盲目跳入水中，结果在暗流中丢了命。事实上，成人发生这种事故的也并不罕见。2011 年夏天，杭州一某高校毕业生，以跳河的方式来庆祝毕业。自己十多年寒窗苦读，伴随父母的常年经济支持与生活照顾，走到这一步确实不易，但以如此方式来庆祝实属不当。显然他是会游泳的，这一天也有同学在旁围观，但他跳入河中后再也不见上浮。起先大家以为他在潜水，时间一久，等待就变成了惊恐，于是便开始了下水搜寻。河流并非游泳池，水下情况要复杂得多，最终未能在有效的施救时间内找到他。

2011 年夏天，韩国也发生过类似事件。为庆祝国家队在南非世界杯足球小组赛中出线，四个疯狂的大学生球迷跳入首尔的汉江，后来三人上岸，一人溺水身亡。此人年仅 20 岁，应该是会游泳的，却逃不过水下的陷阱。

也是 2011 年夏天，浙江海盐某地，四人在中午去河边闲坐。其中 19 岁的吴某下水游泳。但是过了好长时间，吴某没有浮出水面，起先同伴以为他在潜泳,后来起了怀疑而报警,最终发现时他已溺水身亡。

a10－02 竹筏下的游泳“高手”

浙江大学之江校区的钱塘江边是一个天然游泳场所,与人挤人的“游泳池里插蜡烛”相比,有天壤之别。不过乐极生悲的事故也发生过。那是20世纪50年代末的一个夏天,这学校有一个男生几乎天天要去江里游一阵子。但是有一天,在他惯常游毕回来的时间,人们没有看到他。起先大家不在意,因为他游泳技巧相当不错,但随着时间的推移,从开始怀疑逐渐变成了担心与紧张。在检查他的床铺,确定他的游泳裤已经不在后，校方便进行了江边大规模的搜寻，却没有结果。第二天，人们才在江边的竹筏下发现了他，已经是溺水身亡。这告诉人们，切莫因为自己游泳技巧不错而轻易去冒险。

a10—03　河边捞球遇暗流

2010 年夏天，在杭州运河的一座桥边，一个 18 岁的男孩在打篮球时球落入河中，他去捡时不慎掉了下去。当时正好被附近船上的两个人看到，他们立即下去营救，但在落水处找不到他。这说明河面虽然平静，水下暗流却很急，瞬间就将人带走，难以挣扎上浮。

a10—04　预防溺水不能马虎

2010 年夏天，某地的一个女游船讲解员，在做船上清洁工作时不慎落水，等到被人捞起时已溺水身亡。令人不解的是，此人已有多年船上工作经验，会游泳。在平静的水体环境中究竟是怎样发生这事故的？事后人们分析，可能是许多游船紧挨在一起停靠，船间距离不超过半米，所以她在落水后被船撞昏,失去了知觉所致。真是天有不测风云,人有旦夕祸福。如果平时要求严格一些,在这种情况下穿救生衣,那么即使落水后被撞昏,救生衣还是会立刻把她托出水面,自然也就得救了。

a10—05　深水潭边的拍照弄姿

2010 年 10 月初,浙江某地峡谷的一个深水潭中,发现有两人溺水身亡。后来查知他们是一外地旅游团的成员,中途离团擅自游览。估计是拍照时不慎掉入水中所致。如果两人紧随大伙一起行动,落水后就可能被及时救起。这种在风景点因拍照弄姿,顾此失彼而溺亡的事故并不十分罕见。20 世纪初一个春节假期里,有母女两人去南方旅游,因女儿拍照弄姿,掉入了崖下的水中。母亲随即跳下去救。结果女儿被人救起,母亲身亡。

a10—06　河边洗拖把的老妇

2006 年 10 月底,某地一所学校外面的小河边,有一个 60 多岁的老妇在洗拖把时不慎落水身亡。当时周围无人,直到尸体上浮时才被发现。出事那天雾很浓，这种季节，石头表面因苔藓植物的生长而变得更滑。这老妇做这样日常的清洁工作，应该已经很多次，而且一直平安无事。但是她不会游泳，去水边干活时，旁边也不可能一直有人，所以这种潜在的危险是必然存在的。从来未出过事不等于一直不会出事，但人们往往会因此而麻痹大意。

a10—07　水库惊魂

1973年，杭州某高校，一个女职工去了浙北的一所五七干校。有一次她把刷好的被单拿到水库边上去洗，双手拉开被单，浸在水里漂洗。结果不小心掉了下去，她不会游泳，旁边也没有人！幸亏水库边是个斜坡，她顺着坡面拼命往上爬，才上了岸。

a10—08　“难以避免”的危险

这是发生在20世纪60年代的一次事故。浙北某地，一天，一个生产大队畜牧场的饲养员，年约60岁，撑船去附近的酒厂，将发酵后的废渣运回来喂猪。天上下起了雪珠，落地时唰唰作响。由于气温低，雪珠落地后不融化，第二天就冻结变硬，在上面行走犹如滑冰。早晨,传来了这名饲养员不幸溺亡的消息。他在用竹篙撑船时,必须在狭窄的船沿上来回走动。站在冻结了一层雪珠的船沿上边走边用力撑篙,不打滑才怪。他会游泳,但受到身上棉大衣和脚上长筒套鞋的妨碍,加上年迈力衰,终于在冰冷的河水中体力不支而溺水身亡。

a10—09 海宁潮

钱塘江的入海处在浙江海宁,那里的盐官镇历来是钱塘江涌潮的最佳观赏点。由于潮水经过海宁,所以也称为海宁潮。编者在读书期间,曾在海宁住过一段时间。住处离盐官不远,至多不过 8 里路,所以常去那里观潮。记得当时该处的江边有一座宝塔，一座亭子和一座抗日空军烈士纪念塔。塔上有被刮过的黄金荣的名字，估计是作为建塔的赞助者之一吧。离江边不远处有一陈家，很考究的老式房子，里面挂着一块匾额，上面写着“双清草堂”4个大字。传说这原是乾隆皇帝亲生父母陈阁老的住所。海宁潮一个昼夜有两次，分别称为子潮和午潮。每当潮来前约2小时，就可听到隆隆的轰鸣声，远在8里之外的住处也清晰可闻，尤其在半夜里，更加明显，有如千军万马之势。站在江边，听到隆隆之声作响时，江上的水位也在迅速上涨，这时会看到有的渔民在江里忙着捕潮头鱼，偶尔也会看到黑色的江豚露出水面。等到左边江面上能看到远处的涌潮成一条白线出现时，轰鸣声也随之消失。大约再过20分钟，潮水就来到面前，这时只听到哗哗的水声了。大约在20世纪50年代中期，这观潮点碰到过一次怪潮。当时潮水还在江面的左边时，看不出有什么异样，但一到面前，就突然涌上堤岸，卷走了许多人。等到退潮时，一些人的尸体和漂浮的物品又被潮水带了回来。2011年9月初，由于江里泥沙减少，加上台风的影响，涌潮特别大。在老盐仓观潮点，潮水突然冲断堤坝，涌上了岸，使许多人受了伤，一辆车子被移动了好几米，幸好无人被卷走。如今盐官为了发展旅游业，有关设施搞得十分出色，安全措施也更加到位，但是人们对怪潮的突然来袭，始终不应放松警惕。

a10—10 钱江潮

海宁潮形成后，汹涌澎湃地向上游推进。到了杭州的钱塘江段，气势仍是那么壮观，而暗藏的凶险更加多变。由于常有人去江边观潮，事故也更易发生。曾经有一个在海军服役的人，在20世纪80年代退役后，就来杭州和亲戚一起住，空闲时常去江边钓鱼。由于潮起潮落昼夜变化不停，江中的水位也经常改变。退潮时必须走下堤岸，才能到达水边，如此他已习以为常。但是有一天，他去江边后再也没有回来。家里人焦急万分，找了他好几天，最后发现他的尸体堵在涵洞。这种事故屡屡发生。暗潮不期而至的特点，不断使人遭殃，此时游泳技巧再好也无济于事。有关部门在钱塘江边设置了“血的教训”的警示牌，专门派人巡逻喊话，提醒江边的人们，却始终无法杜绝这种悲剧的发生。

a10－11　江边暗潮

1998 年 8 月中旬，杭州赤日炎炎，酷暑难忍。一天晚上，两个民工去钱塘江边乘凉，次日未见回来。后来请有关部门查找，只捞到一具尸体。这是由于江上暗潮突至，躲避不及所致。一直以来江边都有警示牌提醒，但平静的江面，往往难以使人相信会突然涨潮将人卷走。

a10－12　江边淤泥

2006 年 8 月初，有几个外省来杭州打工的青年，在钱塘江边游泳嬉水。不料其中一人突然陷了下去，其余 4 人相继去拉，结果也都被陷。后来经有关部门打捞，第二天只捞到两具尸体。原来未涨潮时，江边仍可能有暗潮在冲刷沙滩，滩下面已掏出空洞，表面却看不到，人踏上去就下陷。尽管江边已立有“血的教训”警示牌，但这些人以为没有涨潮，只在江边游泳没有问题，导致灭顶之灾。

a10－13　顾此失彼的河边散步

2010 年 12 月中旬的一天,大约在晚上 10 时左右,一男一女两个大学一年级学生在杭州的一条河边散步。由于雨下过不久,地上湿滑,河边也无护栏,两人不慎掉入河中。后来女生被一养蜂人救起,男生于次日上午才被捞到尸体。不会游泳,河边又特别湿滑,却偏要在夜深人静之时,去冒这种毫无价值的险,真使人难以置信。

a10－14　碰到了欲哭无泪的女孩

2012 年 3 月底,某地的一条河边,一对恋人在争吵不休。不久女孩往河中一跳,男孩便跟着跳下去救。不料后来女孩被别人救起,男孩却因不会游泳而溺水身亡。事后在派出所里女孩承认,她事先知道男孩不会游泳,她如此做是想试试他,是否对她真心。这叫“任性害死人”!

a11. 火(20条)

a11—20 春节扫墓引发山林火灾

a01—73 反锁小孩在家的后果

a03—25 反锁房门的后果

a05—02 喜庆放鞭炮惹祸

a05—03 因粗心无知而送命

a05—04 电动车蓄电池的过夜充电

a05—10 如此好睡的女孩

a05—11 煤气爆炸与钥匙

a05—13 无人看管的厨房

a05—15 煤气灶具橡胶管的隐患

a06—09 有潜在危险的车内物品

a06—13 车灯线短路后

a08—09 六楼女生宿舍的火灾

a09—04 沙发中的聚氨酯海绵

a09—17 可怕的粉尘爆炸

a13—04 夏天厨房的煤气爆炸

a13—05 点燃香烟导致煤气爆炸

a13—06 摊贩的煤气瓶泄漏爆炸

a13—07 又一起煤气瓶泄漏爆炸事故

a13—08 鼠咬煤气灶胶管

a13—09　关了窗的厨房

a13—10　食堂煤气爆炸

a13—11　煤气爆炸冷天多

a13—13　液体酒精火锅

a11—01　小女孩举炊

2006年春的一天，杭州有一个小女孩单独在家。她在烧饭时离开厨房看电视，到时间忘了关煤气，以致酿成火灾。此时她惊慌失措，大声呼救，后来幸好被邻居从烟中拉出。开着煤气离开厨房看电视，是很危险的，任凭开始时如何叮嘱自己要小心，节目看得出神时仍会忘记。这种情况下大人也会出事，更不要说小孩了。

a11—02　如此“潇洒”用煤气

1999年初，浙江某地，有一家饭店半夜发生了火灾。店内共有11人，只有其中一个小孩幸免于难。里面的大人将小孩绑上被单后，从防盗窗的栅条间挂下，小孩才得以逃生。事后检查发现，厨房内煤气瓶一直开着，阀门有漏气现象，煤气灶上的高压锅内有半锅红枣，已经煮烂。估计是煤气灶一直开着文火，过夜炖红枣时，不断泄漏的煤气遇到明火，酿成了火灾。

a11－03 鞋厂火灾

20世纪末，南方某地，一家鞋厂的1楼墙上的电源开关接线不规范，在使用中由于接触不良，产生的电火花烧熔了电线，生成的高温金属熔珠掉落在下面放着的鞋面料上，引起了大火。上升的火与烟封住了往2楼的楼梯，楼上许多女工逃不下来，也没有办法砸开楼上封死的窗子，结果造成了严重的伤亡。

a11－04 电线短路与聚氨酯海绵

2005年底，某地一家酒吧内的电线发生短路，燃着了聚氨酯海绵，导致许多人丧生。电线短路可产生两千多度高温的电火花，聚氨酯海绵燃烧时产生一氧化碳、氰化氢等剧毒气体，短时间内可使人毙命。

a11－05 火场留恋不得

2006年8月的一天，某地一间民房起火，七人被烟熏死。其中有个妇女,见着火后,还在房内穿衣和打报警电话。另外一人见钱币散落在楼梯上,就忙着捡拾,以致耽误了最佳逃生时机。

a11—06 烧电焊与油漆桶

2006 年 8 月,某地,一个居民区的房屋进行外墙装修。这天工人在 5 楼墙外的脚手架上烧电焊时,焊珠不慎掉落到了一楼的油漆桶内,引起燃烧。消防车 10 分钟内就赶到,但附近无接水龙头。几经周折开始救火时,火已烧到了 4 楼,幸好里面无人,但损毁相当惨重。以前已有过类似事件,却未吸取教训,才导致这次重大火灾的发生。

a11—07 五金店卖柴油招灾

2006 年 9 月初,某地,楼下开了一家五金店,也出售柴油与机油。一天,电线短路产生的电火花引发火灾。起火后不久就听到一声巨响,火很快就烧到了顶楼。这天气温高达 37 度,空气中油蒸汽浓度高,遇到火种,其结果可想而知。

a11－08　熟睡女孩遇火情

2011 年 11 月底的一个下午，杭州某地，路人发现一间平房内有火情，便打 119 报警。在消防队到来前，只见有一女孩从窗口探出头来求救。人们设法从气窗中将她拉了出来。原来这天女孩在单位里上夜班，回来时已是早晨 7 点，一到家就上床睡去。直到下午 1 点多被火烧醒时，已多处受伤。她才 19 岁。下夜班回来的女孩特别好睡，被火烧死的例子杭州也有过。起火原因多为电线老化发生短路，或使用电器不当造成。

a11－09　煤气瓶炸开始末

2006 年 11 月下旬的一天早晨，某地，一人发现厨房里的瓶装煤气已用尽，便向同厨房的邻居借用。他将减压阀接好后，未检查是否漏气即点火，结果煤气瓶也着了火。他慌忙将它拿出厨房，忘了关角阀。到了外面又误将瓶横放，以致内部液化气流出瓶口。接连的错误操作最终导致煤气瓶被炸裂。

a11—10 懒清烟道招火灾

2006年底，杭州某地，一家餐馆厨房的烟道因久不清扫，内部积了大量油垢，导致起火燃烧。后来虽被及时扑灭，店内因救火已积水如泽国。2012年底，杭州又有一家餐馆厨房的烟道着火，也是积了大量油垢所致。餐馆厨房炒菜时，油锅中常会短时间着火，很容易引燃烟道内的油垢。

a11—11 喜庆鞭炮惹麻烦

2007年5月，杭州一幢民房的6楼着火，阳台上烧着的棉被又掉到了下一层楼，幸好消防队员到达后很快将火扑灭。当时6楼虽无人在，但室内已烧得一片狼藉，几万元财产化为灰烬。原来这天有一人家结婚，燃放鞭炮与大礼花，几分钟后就见到6楼阳台起火。粗心办喜事，招来大麻烦，这种事故并不十分罕见。由此看来，人离家前关好窗，清空阳台上可燃物，是万全之计。

a11－12　爆竹声声祸害生

2011年2月初，正值春节，杭州到处爆竹声声，欢乐一片。但偶尔也会因此引发事故，造成伤害。例如，有一家数人，这天好端端地在人行道上散步，没料到有人在楼上阳台放爆竹，无数的火星突然从天而降，如天女散花，使人避让不及，顿时棉衣上烧出了斑斑点点的小孔。当年春节北京因燃放不合格烟花，炸死了两人。沈阳有一家饭店，这一年大年夜也因放爆竹引发火灾，损失惨重。好在现今社会已明文禁止春节燃放爆竹，这样的事故就会避免了。

a11-13　火锅的酒精炉爆炸

2010年7月初,正值暑假,浙江某地,一家饭店里有几个学生聚餐吃火锅。不料在点燃酒精炉时,突然发生爆炸,导致有人面部严重烧伤。学生在中学做化学实验时,老师总是千万叮嘱,不能将酒精灯斜着靠近另外一只已点着的酒精灯来引燃,因为灯内部的液面上空,存在着酒精蒸汽与空气的混合物。灯一倾斜,这种混合物就可能从缝隙中漏出,接触到另一只灯的火焰会引起爆炸。

a11-14　用酒泡脚时玩打火机

2010年7月底,某地,一男子脚痒难忍,用高粱酒浸泡。泡脚时感到无聊,他便拿出打火机拨弄,不料点燃了从脚盆中挥发上升的酒精蒸汽,引发火灾。后来他虽被人救出,已多处烧伤。

a11-15　手机充电导致半夜着火

2010年8月底,杭州有一个人睡到半夜醒来时，闻到一股焦味，起床后发现有一处已着火。原来，自己的手机在上一天充电结束取下后，充电器仍连着交流电源，午夜电压有所升高，质量差又空载的充电器便易出事。

a11—16　电动车蓄电池充电爆炸起火

2011 年底，广东某地一人在给电动车蓄电池充电时发生爆炸起火，屋中几个人全部遇难。同年 11 月上旬，海口有一人家，充电时也发生了类似事故。当时充电还不到半个小时，就出了事。有人推测可能是电源插座过热，导致短路起火，最后烧到了蓄电池和电动车。电动车正确的充电和维护操作，应该向车行请教。

a11—17　客房地板上的烟蒂

2010 年 10 月底，某地一家旅店里，有两个抽烟的旅客离店时随便将烟蒂扔在地板上，踩了一下便走掉，结果引发了火灾。后两人被刑拘。此事件说明，一个小小的疏忽，最终可以酿成大祸。

a11—18　烧电焊引发高楼大火

2010年11月中旬，某地一幢28层高楼进行外墙施工，由于电焊工违规操作，使尼龙网、竹片板等着了火。火势迅速蔓延，其中聚氨酯墙体保温材料燃烧时能产生剧毒气体。该楼住有许多居民，大火最终导致50余人死亡，70多人受伤。

a11—19　工棚火灾

2010年12月中旬，一个雨天下午，杭州某建筑工地上的一个工棚发生了火灾。20分钟后救火车将火扑灭，但内部物件已烧剩无几。着火时有人看到里面的电线在燃烧，说明电线短路引发火灾的可能性很大。在一些临时性的住所或出租房内，为了使用电饭煲、热得快等大功率电器，常出现乱拉电线现象，导致短路跳闸，造成火灾。

a11—20　春节扫墓引发山林火灾

2011年2月5日，正值大年初三，浙江某地，一个村民去山上扫墓,不料在放鞭炮时引发了山林火灾。火灾最终虽被扑灭,好几个人却因此献出了宝贵的生命。冬天的败枝枯叶很易着火,再加稍有风吹,火势便很快蔓延,此时就只能眼睁睁地看着大祸临头,毫无办法。所以事先应该想到可能的严重后果,改变祭祖方式。

a12. 电(8条)

a12－01　巨雷后的家电

2006年8月下旬的一天下午，杭州保俶路一带下起了雷阵雨。编者住所离此地不远，当时电闪雷鸣，十分骇人。事后得知，有些人家在一次电闪和巨响后，电视机等电器冒烟烧毁。这是供电电路上电压突然升高所致，所以雷雨来前拔下电器的电源插头，并非多余之举。夏季有一个时期，往往每天下午都有雷雨。天天都要为此拔下所有电器插头，或断开总开关，忍受无灯的不便，也不容易做到，所以在电源布线上有值得改进之处。

a12－02　大树下遭雷击

2007年6月的一天晚上，杭州下起了雷阵雨。有两人骑车经过少年宫广场时，在一棵大树下避雨遭到雷击。后来送医院抢救，幸好无生命危险。常听说雷雨时莫在大树或建筑物下逗留，上面事件就说明了这一点。2004年，浙江临海某地，发生过十几个人在大树下躲雨时，遭雷击死亡的事件。

a12—03 海滩上遭雷击

2008年7月,国外某地的海滩上,一个妇女使用手机时遭到了雷击,导致手机熔化,人昏倒在地,旁边的两个子女被击中身亡。平坦的海边坐或站着的人,是明显突出于地面之上的导体,容易引雷,更不要说拿着良导体的手机了。

a12—04 船上遭雷击

2008年6月底,正是杨梅收获季节。6月23日傍晚,一只载有一批帮工的船正在千岛湖的杨梅岛边靠岸,准备去收集采摘好的杨梅。不巧此时风雨交加,雷电大作,突然一个响雷击中此船,造成了三死四伤的惨剧。乌云压顶，远处已有雷电，应该提前躲避。此船包有铁皮，又突出水面，这些都成了引雷的因素。这一事件发生后，每年的6月23日就被定为杭州的防雷宣传日。

a12—05 曲折的电热水器事故

2010年7月中旬的一天，某地有一男一女，同在自家浴室内洗澡，另一房内一个女子在上网。不久她听到了浴室内发出的叫声，起初以为两人在开玩笑打闹，但此后长久的静寂，引起了怀疑。由于男女同洗，她不敢进入，便叫来了那男子的父亲入内查看。父亲发现两人都倒在浴室地上，就用手去拉，随即遭到电击而缩回。后来叫来了120救护车，发现两人皆已无救。电热水器一根线出毛病造成的漏电，轻易使两人丢了命，还差一点累及第三人。据说这电热水器的牌子还比较有名，用的时间也不长。所以牌子好不能保证万无一失，只有提高警惕性才是根本。例如，在不能确定所使用的电热水器绝对可靠时，洗澡前应该先拔下它的电源插头。上述事故中的父亲，企图用手去拉触电倒地的人，而不是先设法切断电源，由此可以看出，一般人在使用电器以及防止触电等方面知识的缺乏。

a12—06 要提前了解一些急救知识

前面的许多事故表明,窒息、触电、心血管病发作等都来得非常突然,容许急救的时间以分秒计,少许耽搁就可能酿出大祸。所以平时应向有关专业人员了解这些方面的基本知识,以防患于未然。

a12—07 使用耳机遭雷击

2010年8月上旬,某地,一个女孩在公交站台上候车时,用耳机听MP3音乐,不幸遭到了雷击,以致耳机线烧焦,两耳鼓膜与心肌都受到损伤,幸好无生命危险。由此可见,夏天外出,发现有雷阵雨预兆时,须及时防范。

a12—08 充电时手机爆炸

2014年8月,重庆,一个13岁男孩在手机充电时玩游戏,结果发生了爆炸,碎屑进入皮肤。同年10月初,广东某地,一个妇女在手机充电时玩游戏,导致手机爆炸而毁容。手机在充电时会发热,若此时玩游戏或打电话,发热就会进一步增加。电池或充电器质量也较差,都会增加充电时发生爆炸的可能性。

a13. 气(21条)

a13　气　目录

a13

a13—01　卧室煤炉祸殃三人

1998 年 8 月底的一天，某地一家洗衣店里，有夫妻两人与一个小孩，在晚上入睡时，房内有一煤炉，门窗紧闭。次日早晨，发现三人皆有一氧化碳中毒现象。妻子恶心呕吐，大小便失禁，随即拨打 120 送医院抢救。煤炉会产生有毒气体，这家人竟然不知，大热天把它放在卧室内过夜，说明连基本的生活常识都不懂。

a13—02　炎夏煤气中毒

2014 年 7 月底的一天，某地一个小餐馆的员工在上午 8 时去上班。一般此时店门已开，因为睡在里面的店主夫妻俩，很早就起来忙碌了。但当时只见店门紧闭，敲门无回应。这员工便开门入内察看，只见夫妻俩都昏迷在床上。推测是煤气中毒，应是昨日拎入店内的炭炉未完全熄灭所致，便赶紧叫救护车送医院抢救。幸好中毒不深，两人皆无生命危险。

a13－03　贴近油锅的打火机

2006年4月的一天，某地一家饭店的厨房中，一个厨师正忙着炒菜。由于太靠近油锅，他上衣口袋中的丁烷打火机受热后内部压力增大即发生爆炸，顿时厨房里一片火海，他也因此受了伤。这种打火机在太阳照射受热后，也可能发生爆炸。

a13－04　夏天厨房煤气爆炸

2006年7月底，杭州有一人家，这天妻子在厨房内忙碌，丈夫在另一房间抽烟看电视。他听到妻子叫唤后，便衔着烟进入厨房，不料就在此时发生了煤气爆炸。由于热天使用空调，门窗紧闭，致使煤气在厨房内积累，遇火种就引起了爆炸。

a13－05　点燃香烟导致煤气爆炸

2011年夏天，某地有一人外出后回家，感到很疲乏，便点燃一支香烟提精神，不料因此引起了厨房煤气爆炸，导致严重烧伤。此事故表明，在刚进入一个场所后，想点火做什么事前，就该想一下煤气泄漏与房间通风的问题，并做相关检查。如此，一个小的习惯养成后，可预防大患。

a13－06　摊贩的煤气瓶泄漏爆炸

2011年12月初的一个晚上，杭州某地，一对路边卖烧烤的小夫妻在做完生意后，推着小车回到家里。不料没有过多久，房中就发生了剧烈的煤气爆炸，二人随即被送往医院抢救。据消防人员检查得知，可能是连接煤气瓶的胶管出了问题，造成煤气泄漏所致。

a13－07　又一起煤气瓶泄漏爆炸事故

2014年9月底的一个晚上,某地一户外来打工人家,30多岁的母亲与几岁的儿子进房开灯时,发生了剧烈的煤气爆炸,两人都大面积烧伤,玻璃窗被炸飞到几十米外。后果如此严重,原因却很简单,房间内放着一只煤气瓶,有漏气现象存在。由于门窗不通风,主人进房时,又未注意到泄漏的煤气味,打开电灯时产生的电火花便引爆了煤气。

a13－08　鼠咬煤气灶胶管

2011年12月初的一个早晨,某地有一个妇女,像往常一样,起来进厨房烧早饭。不料她推开厨房门,入内点火时,发生了煤气爆炸。她的手与头部被烧伤,玻璃窗被炸飞,掉落至地面又砸坏了汽车窗玻璃,幸好地面无人受伤。后来煤气公司来人检查,发现煤气灶前的胶管被老鼠咬了一个洞。由于这妇女晚上离开厨房前未关闭灶前的阀门,以致老鼠咬破胶管后煤气不断外漏。早晨这妇女入内时,因嗅觉不灵,闻不出煤气特有的臭味,才酿成此祸。此外,所用的胶管也非煤气管路上的专用品。此前煤气公司来检查时,曾不止一次提出过必须换管的忠告。要是当时认真对待,就不至于此。

a13－09　关了窗的厨房

2014 年 8 月下旬,某地,一个老妇清晨入厨房准备早饭,在点燃煤气灶时,引起了剧烈爆炸。当时玻璃窗被炸飞,家电等器物损坏严重,老妇烧伤面积超过 60%,伤势危重。显然应该是煤气泄漏,过夜积累达到爆炸浓度所致。由于连日大雨,关了厨房窗子,导致通风不良,煤气就更易积累。原因虽然简单,却须时刻保持警惕,一旦疏忽出事,后果就十分严重。

a13－10　食堂煤气爆炸

2014 年 10 月的一天凌晨,某地一所高校食堂的厨房,发生了剧烈的煤气爆炸,相邻的一幢男生宿舍楼玻璃窗皆被炸碎,碎玻璃伤到了一部分在睡梦中的学生。由于事故发生在半夜,幸食堂里无人。这次事故很可能是煤气泄漏后被冰箱的电火花引爆所致。

a13—11 煤气爆炸冷天多

2011年10月底,杭州有两户人家,在同一天发生了煤气爆炸。这一天气温骤降,家里的窗就开得少了,通风变差。如果厨房有少量煤气泄漏的话,就易在室内积累,当达到5%—15%的浓度时,遇到火花就会引起爆炸。开关电器时产生的火花,或点燃香烟、煤气灶时的火种,就起到了触发作用。所以平时应勤加检查是否有煤气泄漏,人离开厨房前应关闭灶前阀,长期离家时应关闭表前阀,煤气软管应定期更换,房屋装修时应避免将煤气管路盖住,以免万一有漏气时,不易闻到。天再冷,厨房仍应该设法保持一定程度的通风。

a13—12 污水沟爆炸

2006年7月,云南某地的一条地下污水沟,在施工时发生了爆炸。经检测得知,沟内甲烷浓度较高,这是微生物在污泥中生长繁殖,产生了沼气所致。一定浓度的甲烷与空气混合后,遇到火花就可能爆炸。所以施工前应对污水沟进行通风,以减少甲烷的积累。

a13—13 液体酒精火锅

2014年9月初,浙江某地有两个大学生,去一家餐饮店吃自助烧烤。由于火太小,便让服务员拿来燃料壶向炉内添加液体酒精。这时,壶内的酒精蒸汽从壶口逸出发生爆燃,壶内酒精溢出,引起大面积着火。其中一个女生烧伤面积达80%!类似的事故全国已有多起报道,根本原因是不恰当使用了液体酒精。同年12月,杭州也发生了类似的事故。

a13—14 鸭棚内的一氧化碳

2006年底,正是隆冬季节。在杭州某地,一天,近郊的一个养鸭户使用煤饼炉给鸭棚内的小鸭加温,取暖。不料次日家属去探望时,发现在棚内过夜的四人中,两个已经死亡,两个昏迷的送医院时生命垂危。该鸭棚封得密不透风,炉子的通风管道水平安装,不利于排气,也可能棚内管道有泄漏,最终导致一氧化碳严重中毒。

a13－15　厕所内的有毒气体

2007年5月底的一天，某地一家小饭店的一名职工，进入店内的厕所后，一直不见出来，别人起疑，便入内查看。只见他倒在地上，昏迷不醒，就立即将他送医院抢救。后经消防队员检查，认为是该厕所通风不畅，积累了过多的沼气，以致人缺氧昏迷。沼气来自便池，如果积累过多，碰到火种还可能发生爆炸。

a13－16　下水道里的险情

2011年底，某地有三个民工进入四米深的下水道作业。由于未戴防毒面具，不久就出现了中毒昏厥症状，后来送医院抢救。下水道里往往有硫化氢等有害气体，进入前未采取防护措施而造成重大伤亡的事故时有所闻。

a13－17　杀人蚊香

2008年6月下旬，是杭州蚊虫最猖獗的时节。

一天晚上,某单位传达室的值班人员小王将门窗关闭后,点了蚊香入睡,不料次日被人发现已中毒身亡。根据推断,可能是蚊香燃烧不良,产生了一氧化碳所致。前几年省内其他地方也发生过类似事件。

a13－18　车内的一氧化碳

2008年6月底,某地有一男一女,被发现死于开着空调的车内。这是发动机产生的一氧化碳中毒所致。由于通风不畅,一氧化碳会逐渐积累。又由于这种气体无色无味,两人就在不知不觉中丧了命。

a13－19　停工多日的纸浆池

2010年8月初,浙江某地一家纸业公司的制浆车间内,工人们在纸浆池边作业。因吸入大量毒气,导致了两死九伤的重大事故。由于高温让电,制浆车间已停工了十多天。复工时因需用水,一个工人打开管道的阀门向池内放水,但不久即倒下。其余的人上去救时,也相继倒下。估计这是硫化氢在管道内积累所致。尽管安全措施上要求检查这种有毒气体,但停了十多天后复工是新情况,大家都没有想到这时也需要检查。还是需要记住这句老话：多加小心不会有错。

a13－20 无毒炭炉有毒

2011 年 1 月底，杭州连日大雪。此后的融雪日子更是阴冷难受，一妇女网购了一只无毒炭炉取暖。她用上后，还打开了一条门缝透气，不久便在上网时睡去。等到醒来时，她觉得头昏、恶心、乏力，知是一氧化碳中毒，但已无力去医院，就用手机呼别人来救。炭燃烧不充分时，会产生一氧化碳，人吸入后就出现上述症状。如果关紧门窗使用，很可能会导致严重中毒。

a13－21 群租房的浴室险情

2012 年底，杭州的一处群租房，两室一厅，浴室内装有燃气热水器，住了八个女孩。这天她们挨个进入浴室洗澡，不久一个女孩在浴室内昏倒，其余在外面的人也感到头晕，后来都被送往医院抢救。群租房因为空间小，天冷关闭门窗，导致通风不良。在这种条件下连续使用燃气热水器，容易造成一氧化碳积累。众所周知,这种有毒气体无色无味,它和血液中的血红蛋白结合后就不再分离,导致氧气输送功能的丧失,中毒深的能够致命。

a14. 食物(20条)

a14 食物 目录

a14—20 蟾蜍的民间偏方

a01—18 果冻的隐患

a01—19 一起误食果冻的事故

a01—20 夺命蚕豆与防止误吞异物

a01—21 要命的逆反心理

a01—28 速成脂肪肝

a01—40 易拉罐卡舌

a02—03 吃馒头噎住的后果

a02—04 青豆、糖果与菜饭的隐患

a02—05 孝敬老人的蛋糕

a02—06 汤圆堵

a02—07 枇杷核堵

a02—08 年糕堵

a02—09 肥肉堵

a02—10 圣女果堵

a02—11 月饼堵

a02—12 夺命麻团

a02—13 面疙瘩行凶

a02—14 暴食腊味饭

a02—15 危险的枣核

a14—01 生食蛇胆

1998年12月初,某地有一个人,因听别人说生食蛇胆能清肝明目,便从东南亚带了一些回来,给他的女儿服用,一天一颗。岂知数天后女儿出现了中毒症状,经查知肝已受损,幸好后来被抢救过来。所以蛇胆不能盲目生食,以免危及生命。

a14—02 盲目补充维生素A

1999年春天,某地有一个10岁女孩,听说多补充维生素A有好处,却没有考虑到应该限量,结果因服用过量而中毒,导致发育异常,而且不可逆转。

a14—03 猛吃荔枝的后果

1999年6月,南方某地荔枝丰收,市场上大量供应,价格低廉。有个妇女一个晚上猛吃了七斤半。不料次日鼻孔流血,不得不送医院求救。

a14—04 吃西瓜撑破了胃

2000年7月底,在北方某地的一个村里,有人将一只大西瓜一下子全部吃光,结果痛得在地上直打滚。后来送医院检查,得知胃已被撑破,最终不得不进行手术。除了吃苦头外,医药费花去了好几千元。嘴巴哪能这样不体谅胃的。

a14—05 端午节吃粽子比赛

每逢端午节来临,常有地方举行吃粽子比赛。有的限定粽子数比吃完的速度,有的限定时间比吃的数量。大约在20世纪40年代末,上海的一部分黄包车夫,在端午节举行了一次吃粽子比赛,结果有人撑破了胃。20世纪80年代,北方某地也出现过类似的事故。估计这两次都没有限定粽子数量吧。比吃的数量即使不出事故,也是对胃的折磨。2014年6月初,长沙的一次吃粽子比赛中,一个选手在吃完后,出现了身体不适而求医。过端午节时,人们往往因为家中包的粽子较多,将它们当作早餐来吃。医生说吃这种高黏性的食物过多,易得胃病。吃粽子时量既不宜多,也应该同时搭吃一些果蔬等含纤维素的食物,以利消化。

a14—06　误食河豚

2006年4月的一天,浙江某地,一个妇女在路上拾得别人掉下的一条活鱼,实际上这是一条河豚,但她并不认识。带回家后便烧了吃掉,结果中毒身亡。同桌的另一人吃得较少,也中了毒,没有死。河豚毒素毒性很强,吃0.5—1 mg即可致命,它在鱼体内各处含量不同。如果一个鱼贩或饭店采购员在运输途中掉下一条河豚鱼,一般人不认识,多半会拿去烧了吃掉,而食之必中毒。所以他们在采购时,必须有高度责任心。另一方面,普通人在未弄清楚是什么鱼前，就不应该去冒这个险。

a14－07　误食鱼骨

2012年初，浙江某地有一妇女，平时吃饭惯于匆忙吞食，不细嚼慢咽。这天吃鱼，她误把一根3厘米长的鱼骨夹在饭里吃了下去，不幸在食道里卡住。去医院检查得知，鱼骨已穿过食道，刺入了主动脉。这种情况非常危险，一旦动脉破裂，后果不堪设想。后来打开胸腔，顺利取出了鱼骨。吃饭时饭里夹杂了菜肴是常有的事。假如菜里带有骨头，如鸡骨或鱼骨，就隐藏着危险。一旦骨头卡在食道中，就可能刺穿食道壁，危及动脉或心脏等要害部位，尽管发生的概率不大，却马虎不得。吃饭时带骨头的菜不要混进去，应该细嚼慢咽，不要说笑，这样可预防上述事故的发生，有利于消化。医生说若鱼骨卡在食道中，应该喝水，以求将骨头带走。若此法无效，应及时求医。吞饭团可能增加骨头刺穿食道的概率。如果喝醋，短时间根本软化不了骨头。

a14－08 食道中卡鸡骨致死

2006 年 4 月，四川某地，一女孩在吃鸡肉时，不小心让鸡骨卡在了食道中，后来鸡骨又穿过食道刺破动脉，以致女孩大量出血而死。这种鸡骨、鱼骨卡在食道后造成重大伤害的事件并不十分罕见，所以吃时应十分仔细，避免讲话，不要和饭混在一起吃。

a14－09 醉虾与肺吸虫

2006 年 5 月的一天，杭州有一个妇女，曾去一家餐馆吃过美味的醉虾。半个月后，她感觉不适，便去多家医院反复检查，原来已经感染了肺吸虫。这种寄生虫进入人体后，会到处游走，主要寄生在肺部，也可能进入脊髓、脑部及其他部位。它可能存在于虾蟹中，所以这些东西都不宜生食。日本人喜欢吃生鱼片，常吃的难保不感染寄生虫。

a14－10 致命的白毒伞

2005 年 3 月下旬的一天，南方某地才下过雨不久,气温较高且潮湿。民工小王在路上见一棵树的根部长着许多白色菇类,看上去和他家乡常采食的那种没有区别,他便采回去做成菜,供四人同食,不料都出现了上吐下泻的症状。经过多次抢救,小王等三人总算保住了命,其中一少年中毒身亡。此种毒菇外观和蘑菇难于区别,色白,不鲜艳,却有剧毒,能损害肝脏。

a14—11 老人采蘑菇犯经验主义错误

2011 年 7 月底,杭州有一老人,在植物园内采了蘑菇回家,烧好后与家人共食,结果上吐下泻,全身疼痛,次日尚未脱离生命危险。老人过去在那里采过同样的菇类,吃了无事。显然这次他采的是毒菇,外表与过去采的蘑菇差别不明显。此事充分说明,没有过硬的专业知识,还是去菜场购买蘑菇为妥,以免贪小失大。

a14—12 长兴的毒蘑菇事件

1969 年夏秋之交,浙江天气闷热多雨,不少地区发生了洪灾。在长兴山区,一人去地里干活时,看到路边长着许多蘑菇,就采回去做成菜,供全家食用。结果除家中的一个婴儿未食外,其余的人全部中毒而死。这户人家一直住在那里,积累了一定的采菇经验,居然也发生如此惨剧。

a14—13 又逢毒蘑菇

2014 年 8 月中旬,杭州连日下雨,伏天凉如秋天。到了 20 日,雨逐渐停了下来。傍晚时分,在建筑工地打工的一民工去山上散步时,见到有许多蘑菇,看起来与他老家常采食的无异,便采回去做下酒菜,与几个老乡共食。但不久即出现腹痛呕吐等症状。后来去医院检查,得知是食用了毒蘑菇。由于说不清吃了哪种菇,医生一时难以采取针对性措施。后来五人都住院治疗,有的出现了肾功能异常。菇类品种繁多,有的毒菇与食用菌很难区分。如今菜场里形形色色的食用菌多的是,凭片面的经验去冒这种险采蘑菇真是不值得。不幸的是,这种事故却时有所闻。

a14—14 差点送命的蟾蜍偏方

2006 年 8 月初,福建某村里有一人家,因小孩身体不适，父亲抓来蟾蜍去皮煎汤后给他服下，结果小孩中毒，差一点送了命。那里容易抓到的是中华大蟾蜍，毒性很大，其皮肤、毒腺和卵皆有毒。道听途说的偏方，哪里可轻易信得！

a14－15　作祟的切菜板

2006年10月底的一天，某地一个单位的十多名职工，在食堂吃过饭后，都出现了上吐下泻的症状。后经卫生部门检查，确定是切菜板不够干净所致。切过生菜的切菜板，不经消毒就切熟食，或切过熟食后不及时洗净消毒，皆可能有致病细菌残留与繁殖。

a14－16　生鱼片与寄生虫

一个吃了20年生鱼片的日本人，在2006年8月的一天，感到身体不适，便去医院检查。后来得知脑部有一百多条寄生虫。听到这个结果，恐怕多数人要起鸡皮疙瘩的。据传北京有两人吃了福寿螺，后来感到身体不适，经检查得知，也患了寄生虫病。食物没有煮透或生食是患寄生虫病的根本原因，食牛蛙、黄鳝等也有过类似报道。

a14－17 半生的四季豆

2006 年底，浙江某地的一个食堂里，发生了四季豆中毒事件。由于未煮熟，食后出现了呕吐、腹泻等症状。烧菜时应将四季豆烧至鲜绿色变成暗绿色，将存在的血红蛋白凝集素与皂甙破坏掉。

a14－18 自制蛇酒

2010 年 8 月底，某地有一个 50 多岁的男子，习惯服用自制的蛇酒。但有一天服用后，出现了神志不清的症状。后来送医院抢救，才得以脱离危险。蛇酒有毒，服用时须遵医嘱，有的病是不能喝的。而没有可靠的依据，喝自制的蛇酒，更是拿自己的生命当儿戏。

a14－19 可怕的鱼骨

2005 年 7 月的一天，某地一个 16 岁的女孩，在吃鱼时，鱼骨卡在喉咙里。她母亲叫她喝了几口醋，又吞了几口饭团。女孩感到不卡后，以为这小麻烦已经过去。谁知几天后，女孩出现了发烧症状，去医院一查，发现食道已经溃烂，主动脉出现了假性动脉瘤，一旦破裂，就会危及生命。幸好医生医术高明，食道与主动脉两个手术都取得了圆满成功。由此可知，鱼骨卡在喉咙里，喝醋无用。吞饭团是冒险之举，上面的例子就是因为吞了饭团，才使鱼骨刺穿了食道与动脉。最佳选择还是去医院。而吃饭时细嚼慢咽，不讲话，避免鱼、饭混在一起吃，则是防止发生这种事故的根本。

a14—20　蟾蜍的民间偏方

2011年6月，某地一个50多岁的男性食道癌患者，因久治无效，便到处搜寻民间偏方。后来打听到吃蟾蜍值得一试，于是每天吃一只。不料到第三天时，因中毒过深，送到医院时心跳已停止，最终抢救无效而亡。

a15. 酒(7 条)

a15 酒 目录

a15—01　酒国称雄的后果

2007年5月初，南方某地举行喝啤酒比赛，有一人连喝4瓶而获胜，但次日发现已猝死。喝酒过量致死，原因不一，如酒精中毒、窒息（昏睡中呕吐物或体外物体堵塞呼吸道时，可导致窒息）等都有可能。宴会上因助兴或想以酒量称雄而豪饮的情况，很易发生，也易失控，一旦出事，后悔莫及。

2012年8月初，某地一家酒店餐厅的员工，一个年仅20岁的女孩因喝白酒过量，昏迷中呕吐物吸入呼吸道窒息而死。那天晚上下班后，十几个小年轻买了10斤二锅头，一起在路边烧烤摊吃喝，上述那不幸女孩也在其中。人多兴致高，喝酒很容易过量，又是烈性白酒，这种情况听听就觉得可怕。

a15—02　连喝两瓶红酒的后果

2011年夏天，某地一家酒吧的一个服务员，意外地碰到了老乡，十分高兴，便陪着他连喝了两瓶红酒，喝醉后就躺在沙发上休息。一直到半夜下班时，忙碌的同事们才注意到他已经深度昏迷，屡叫不醒，衣服上有不少呕吐物,便急忙将他送到医院,结果无救。深度醉酒的人,呕吐物容易进入气管,堵塞呼吸道而造成窒息死亡,也可能刺激呼吸道,造成呼吸中枢的抑制,使呼吸停止。所以醉酒的人切忌仰卧,应该侧卧,以利呕吐。而且,这种人旁边应该有人寸步不离地看着才放心。

a15—03　陪酒女的不幸

2010年底的一天晚上,某地一家KTV包厢,一个以陪酒、唱歌为主的18岁外来打工妹,在陪酒时因喝醉而跌了一跤,头部不幸撞到了桌角上的玻璃,以致玻璃碎片进入眼睛,可能会因此失明。此外,数万元的医疗费用一时间也难有着落。一个年轻女孩,后面的路还长得很,既然从事这种职业,就得小心保护自己。

a15—04　痛饮闷酒等同自残

2010年12月的一天,某地建筑工地上,一个民工与妻子吵架后,约了朋友一起喝酒解闷。等到夜深朋友离去后,他几乎通宵地继续痛饮。次日晨被人发现时已昏迷不醒，呼吸微弱。后来送医院抢救了好几个小时，最终不治。这是深度酒精中毒所致，死者的朋友估计他总共喝了两斤白酒。好可怕的自残恶习！

a15－05 喝酒无度丢了命

2014 年 9 月的一天，杭州某地，30 多岁的打工者刘某晚上与人共饮，大有酒逢知己千杯少的气氛，喝了很多酒，后在一家旅店过夜。到了次日早晨，旁人发现他已不省人事，随即送医院抢救，最终未能救活。各人对酒精的耐受力不同，所以不能以自己的酒量去勉强别人多喝。

a15－06 醉后闯大祸

十多年前，在北方某地打工的甲、乙两人在一次酒喝醉后发生了争吵。事后甲觉得吃了亏，便持铁棍于晚上潜入乙家中，将乙及其女人打死后潜逃，成了警方一直追捕的通缉对象。一晃 10 年过去，2011 年 7 月初，此人在杭州被抓时，已是一装修公司的经理。所以酗酒轻者误事，重者会闯大祸。

a15—07 摩托车酒驾

2011年6月底的一天晚上，在杭州某地，一个20岁出头的男孩和一个18岁女孩喝醉后上了一辆借来的摩托车。两人均未戴头盔，结果车子撞到了旁边的栏杆，酿成大祸。男孩不治身亡，女孩幸无生命危险。男孩如此草率地对待自己和朋友的安全，以致才活过20岁，就过早地走上了不归路。

a16. 动物(15 条)

a16　动物　目录

a16—01 酷暑谨防犬咬

2006年8月中旬,杭州高温达38度,狗变得易于咬人。有一户养了只小狗的人家,这一天来了个客人。主人见小狗要咬他,便上去抓,结果被咬了一口,随后只好打了五针狂犬疫苗。此事发生两个月前,一老人在杭州吴山游览时,见一迷路的小狗,他出于好心,想用水喂它,结果反被咬了一口。

a16—02 爱犬咬主人

2014年8月下旬,杭州有一人家向有关方面求助,希望把自家养的爱犬带走处理掉,原来上一天它突然咬伤了主人。每年春秋两季是犬类的发情期,容易咬人。平时养犬,主人除了自己须打预防针外,外出遛犬时更应小心。

a16—03 养了10多年的犬咬主人

某地,一个在门房值班的老人,养了一只有一百多斤重的大型犬,已经有十多年。2010年8月中旬,天气炎热异常。这一天,这只犬正在熟睡时,老人想把它移到阴凉一些的地方。不料它突然发起攻击,将老人狠狠地咬了一口,因此老人不得不住院治疗。犬类一般在睡觉、进食、哺乳或发情时,不宜碰它,以免受到攻击。而天气太热时,它们也会中暑,变得烦躁易怒。

a16—04　马蜂蜇死牛

20 世纪末,某地农村里,有人将一头牛拴在一棵大树下后暂时离开。不料这时,牛顶着树的止痒动作惊动了树上的马蜂窝,大群马蜂向它发起攻击。由于被绳拴住,牛无法逃离。等到后来主人解开绳子时,牛已被严重蜇伤。它随即狂奔了几百米后倒地不起,最终死亡。这种事故并不罕见,其他地方也有过多起报道。死一头水牛,对农民来说是一个不小的损失,所以这种事故值得引起警惕。

a16—05　晚上治马蜂

马蜂很凶猛,要攻击人。2006 年 11 月中旬,某地受到马蜂骚扰,消防人员在白天用火烧马蜂窝,结果遭到马蜂围攻，有一队员的防化服竟被刺穿，人被蜇伤。后来改为晚上火攻，马蜂不知飞行方向，尽被烧死在窝中。

a16—06 易被蜂咬的时节

2014 年 8 月底，中秋将至，天气转凉，养蜂专业户的蜂箱车纷纷驶向南方。此时箱内不安分的蜜蜂就可能出来惹祸。一辆从江苏驶向上海的货车就差点因此出事。这车的驾驶员在途中突然见到一群蜜蜂向他飞来，急忙关闭车窗，但已经有蜂飞入。蜜蜂一受到扑打驱赶，更易叮咬。小小蜜蜂可能酿成大祸，所以应及时采取预防措施。

a16—07 治蚊子反治了自己

2010 年 8 月底，杭州某工地上，一个工人因晚上不堪蚊子骚扰，在房内随便喷了一下敌敌畏，结果出现了恶心、呕吐、头昏、乏力等有机磷中毒症状，最后送医院抢救。后来生命体征虽已稳定，仍须留院观察。

a16－08 如此的治关节炎偏方

2009年底,四川某地,一个农民喝听来的白酒浸蟹偏方,用以治关节炎。不料白酒未能杀死蟹中的脑囊虫卵,他喝后得寄生虫病,出现类似癫痫病的症状。后来求助医院,幸得治好。这一事件表明,白酒浸蟹的处理不行,只有高温才能杀死脑囊虫卵。生吃食物是寄生虫卵在人体内作怪的根本原因。

a16－09 行人无端被犬咬

2010年7月初,杭州热浪翻滚,狗变得烦躁不安,咬人事件明显增多。这月5日,一个行人走路

时无端被一只狗上来咬了一口，咬痕还比较深，他只能赶快去防疫站注射狂犬疫苗。

a16－10　沾染得的狂犬病

2014年9月，浙江某地，一个50多岁男人，两个月前曾经在建筑工地帮一个被疯犬咬伤的人包扎过。事后别人都打了狂犬病疫苗预防针，他没有打，4天后开始出现不适，去医院查知是狂犬病发作。尽管医院全力抢救，最终不治而亡。医生认为他当时手上曾受过伤，伤口未完全愈合，可能沾染了病犬的唾液，里面也含有病毒。此事表明，预防狂犬病这种可怕的传染病，容不得半点疏忽。

a16－11　被孕犬咬后

2006年8月初，浙江某地，一个人被怀孕的母犬咬伤后，当天就注射了狂犬疫苗。但从那时起，思想上因此增加了负担。后一直感到身体不适，便去医院检查，结果并没有发现狂犬病症状。医生认为是精神抑郁所致。所以思想负担长期存在，也会引发疾病。

a16-12　上山扫墓被蛇咬

2012 年 3 月初，杭州有一人家上山扫墓，小孩遭到了蛇咬。惊蛰节气后，蛇外出活动增加，需提高防范意识。应带一根棒拨动草丛，以便及早发现其踪迹。但须注意草丛中是否有马蜂窝，若受到马蜂骚扰，也是十分危险的。万一被蛇咬，如何用绑带正确绑扎和用水冲洗，以及服蛇药片等临时措施，应事先向有关医务人员具体了解。

a16-13　古稀老妇力斗五步蛇

2010 年 9 月初的一天早晨，某地，一个 70 多岁老妇在自家天井里看到一条五步蛇，正昂起头吐着信子。她拿棍子去打，不料被咬了一口，后来脚上又被咬了一口。她奋力打死蛇后，用刀割开伤口排毒。但由于流血过多而休克，后被送往医院救治。

a16-14　秋凉蛇猖狂

2011 年 9 月上旬，杭州地区被蛇咬伤的人数明显增加,多数是被蝮蛇所咬。也有人被竹叶青蛇咬伤,此蛇眼睛血红,身体碧绿,看了无不起鸡皮疙瘩。它的蛇毒是神经血液混合毒,被咬后严重的可内出血致死。每年白露时节,天气转凉,蛇出来觅食的活动增加,所以不能麻痹大意。此后随着气温进一步降低,蛇的活动又会逐渐减少。

a16－15　宠物与疾病

动物往往污染很多寄生虫和病菌。如果是宠物,就可能传染给主人。所以饲养宠物时应对这方面有充分的了解,保持足够的警惕。曾有报道说,湖北一个20岁女孩,出现了反复高烧、下肢瘫痪等怪病。她从小喜欢接触猫狗,甚至搂着宠物睡觉。医生推测,她很可能早就感染了包虫病,骨头受到长期侵蚀,就更容易传染上寄生虫。所以,养宠物会存在被感染寄生虫病的风险。

a17. 疾病(17 条)

a17　疾病　目录

(目录中所列的各种事例,如水、电、气、食物、动物等,所造成的伤害和疾病,分别见该部分。服用道听途说的偏方治病出的事故,见 a14 食物与 a16 动物。)

---

a09—13 建筑工地上的中暑

a14—02 盲目补充维生素 **A**

a18—01 因赌致猝死

a19—02 装神弄鬼行骗

a19—03 抓狐狸精

a17－01　锻炼过度招大祸

2008年3月,某地一个刚退休的老人,每天跑步锻炼3小时。有一天在锻炼时,心脏病突然发作不治而亡。中学生跑步,年轻人通宵上网,中年人连日玩牌等活动,导致猝死的事件时有所闻。但有天天锻炼基础不等于不会出事,每个人适宜的运动量各不相同,尤其是老人,更应注意。

a17－02　抑郁症患者从天而降

2010年7月底,杭州某地,一个年近半百的妇女患有抑郁症,平时依靠服药维持。有一天,她去友人家聊天,刚巧主人不在,便突然从4楼跳下,中间被室外的电线挡了一下,掉到一个80岁老妇身上。后来去医院检查,发现肩部多处骨折,但无生命危险。而那80岁老妇,却是祸从天降,伤势不轻。

a17－03　盲目服感冒药的后果

2010年7月底,杭州有一男子,头痛发热,怀疑得了感冒，就自己去药店买了感冒药服下，但效果不明显。又去买了另外牌子的药加服，不料病情反而加重，还出现了腹泻症状。后去医院检查，得知是急性肾功能衰竭。这是多服了感冒药，毒性增加所致。

a17—04 梅雨季节的心血管病

2012年6月中旬，杭州开始入梅，天气变得潮湿多雨，气压偏低，人感到胸闷难受。此时去医院看心血管病的人明显增多，这是容易发病的季节，应提高警惕。充分睡眠对降低发病率有益。

a17—05 梅雨季节的心肌梗死病例

2010年7月中旬，杭州正处梅雨季节末尾，天气相当闷热。这一天，有一个近50岁的男子，感到胸闷后突然昏迷，系心肌梗死。他平时也有此病，当时气压低，湿度高，容易发病，幸好后来送医院抢救及时。

a17—06 高温缺水致心梗

2012年7月初的一天，杭州某地，一个男子感到胸闷难受，以为是中暑，便去医院救治。后来得知是心肌梗死所致，便立即进行了手术治疗。这天气温高达 38.5°，是挥汗如雨的酷暑天，若不及时补充水分，血液因失水浓缩而增加了黏度，容易产生血栓，以致堵塞血管而发病。

a17—07　魔鬼时间的锻炼

凌晨的 5 点到 7 点，被人们称为魔鬼时间，因为此时人的血压较高。如果老人冬天此时外出锻炼，则寒冷与运动进一步使血压升高。老人由于动脉已硬化，易发生心血管病。所以老人冬天早晨外出跑步，导致脑中风并不罕见。

a17—08　中年保安的猝死

2010 年 11 月初，杭州一个 40 多岁的保安在湖滨公园执法时与无证摊贩发生争执，被推倒在地上，随即出现了呼吸心跳骤停。后送医院抢救，结果未能救活。经检查，他并无外伤。这起猝死事件，出现在一个中年人身上，很值得同龄人的警惕。

a17—09　通宵上网的学生

2005年3月,四川某地一个大学生在家上网十多个小时后猝死,此人长期沉迷上网,常熬通宵,已不止一年。2008年10月,浙江某地,一个高中生也因通宵上网而猝死于网吧。过度兴奋、紧张和疲劳会使正常的心脏发病,所以年轻力壮的人不可掉以轻心。

a17—10　连续熬夜看球赛

2012年6月中旬,某地,一个20多岁的男青年自从欧洲杯足球赛开始以后,接连熬夜观看。看到第十一个晚上,在凌晨时分才入睡,但此后再也没有醒来。直到第二天吃晚饭时,母亲叫不醒他,才知他猝死已久。这青年原本身体结实健康,读大学时曾是校足球队主力。

a17－11　年轻妈妈的中风

2011 年初,某地有一人家只有一年轻母亲和一个六个月大的婴儿在家。没有想到此时母亲突发脑溢血,倒在床上不省人事,刚巧将婴儿压住闷死。一直到了傍晚,其夫下班后,才知此灾祸,此刻一切都为时已晚。中风多发生于老年人,中青年发病的很少见,但此例说明仍有可能。尤其对于照顾婴儿的母亲,发病与否可能关系到两人的安危,所以大人对自己的健康不得不多一份警惕。要是发病时还有别人在场,可能两人都会得救。

a17－12　老人的抑郁症

2011 年 2 月的一天,某地,一个 50 多岁的老人突然从高楼上跳下身亡。此人家境不差,平时待人和气,有高血压与心脏病。医生说他可能患有抑郁症。若一个老人丧失了平时的兴趣爱好,不愿参与人们的一些活动,此时子女就应提高警惕与多加关注。

a17—13　减肥得了胃溃疡

1999年,香港某区,一个妇女为了减肥,只吃蔬菜与水果达数月之久。结果体重是减了30磅,但也出现了头痛、胃病等症状。大部分水果含糖分较多,蛋白质与脂类不足,长期服用会导致胃酸过多,引发胃溃疡等疾病。2010年某地,有一个妇女接连10天只吃水果以求减肥,结果也得了严重的肠胃病。

a17—14　寄生虫入眼球

2007年7月,浙江某地,一个10岁男孩的眼球内发现有寄生虫。这是吃了烧炒时间不够长,寄生虫未杀死的蛙类肉所致。石蛙、牛蛙、生鱼片、小龙虾等皆可能存在寄生虫。

a17—15　感冒酿成大病

2014年7月下旬的一天,某地有一高中女生,开着空调过夜。因为温度过低,次日出现了感冒症状,她便吃了些感冒药片,并不把此事放在心上。但此后病情未见好转,到第 5 天,出现了胸闷气急等严重症状。后来去医院检查,方知得了心肌炎。此病严重时可能致命,所以患了感冒不可轻视。

a17－16　感冒可以致命

2011 年 12 月中旬,某地,一个 30 岁不到的青年突然心脏病发作,虽然 120 救护车 5 分钟就到达,但人已不治。据称他患感冒已近半月,时好时坏,但不当一回事,出现了疲倦乏力症状。医生认为,可能是长时间感冒引起的病毒性心肌炎,使心脏功能受损的缘故。如果得了感冒不认真对待,就有可能使抵抗力降低而引发心肌炎。小患可致大病,不可轻视。

a17－17　感冒与爆发性心肌炎

2012 年 7 月,某地,有两个病人,一个是 16 岁男学生,另外一个是 28 岁女白领,皆因患感冒后未正确对待而导致严重的爆发性心肌炎,以致送医院后不治。如果患感冒后，觉得因为是小病，自己又年轻力壮，不当一回事，继续从事繁重的工作或学习，或者虽然遵医嘱服了药，却没有好好休息，就有可能使病情恶化。

a18. 赌博(9 条)

a18　赌博　目录

a18—01　因赌致猝死

1998年9月中旬，某地，一个中年男子连赌两个通宵，输了400多元，心中很不痛快，人也十分疲劳。次日早晨，强打精神去上班时，单位里的人看到他脸色很差，就劝他去看医生。不料在医院里正要做心电图时，他突然倒地不起，后经抢救无效而亡。所以平时心脏正常的人，在极端情况下，也可能会严重发病。

a18—02　从赌博到殴打的连锁反应

2006年5月中旬，某地菜场，几个摊主在午后空闲时打扑克牌消遣。其间两人发生争执，一个肉摊摊主用刀刺伤了蛙摊摊主，另一人过来劝架时，也被刺伤。两人被刺后送医院抢救，其中一人伤势严重。后来肉摊摊主被刑拘。操刀卖肉的人，冲动时失控而如此闯祸的，偶尔也有所闻。

a18—03　输急设计骗妻钱

2008 年 9 月初,某地,一个男子在一家厂里做检验员,月薪不算低。由于妻子在外地,晚上为了打发时间,常与人赌博,也爱玩老虎机,如此逐渐成了习惯。在连续赌输后,因无力还债,便冒充成绑架人,打电话给在外地的妻子,谎称老公已被绑架,要 5 万元赎金。妻子立即报告了当地的公安局。后来此人在网吧被警察找到,当时他睡得正香。

a18—04　赌输骗老爸

“输红了眼的赌徒”是人们对赌输者常用的一个

贬称。有一人因痛恨自己的好赌恶习，砍掉了一个手指，但不久又成了赌场常客。又是一个极端例子。2014 年夏天，台湾有一人嗜赌成性，被人百般逼账，无奈而出坑爹怪招。他使用了变声软件，冒充绑匪打电话给父亲，说他儿子已遭绑架，要 100 万台币才放人。岂知骗局被识破，全家都不再理他。

a18—05　赌输出绝招

2014 年 9 月底，某地，一个 30 多岁的打工者，家里有妻子和一双儿女，因赌博输了钱，无力还赌债，便想出了“绝招”。这天，他来到一家打金店，此店兼收购黄金。他入内后随即关上了卷闸门，对店主声称自己是执法人员，有没收来的黄金想卖掉。说着便打开带来的拎包给店主看货。岂知拿出来的是一瓶辣椒水。他快速向店主夫妻两人脸上洒去，两人大声呼救。他见势不妙，便想逃走，但一时间打不开那卷闸门，此时店外的人闻声入内相助，最终他只有束手就擒。

a18－06　骰子里的机关

人们常说十赌九输。等到输尽家当无力还清赌债时，本来好好的一个人，可能因此被逼而走极端，偷、抢，甚至谋财害命什么违法犯罪的事情都干得出来。

赌博中骗局多多，骰子里也可能藏有机关。挖开骰子，在里面适当位置放上一小块磁性材料，然后再封好，外表看不出什么，却可以用它搞得别人倾家荡产，对方还以为只是自己运气不好呢。因为只要行骗者膝盖上绑了块磁铁，当暗中将它靠近桌子下面时，就能掷出所需要的点子。据说还有将骰子挖空后封入小水银粒与高黏度的油，使用时轻轻敲击桌面，水银粒便沉入油底部，此后掷出时就能保证这一方向朝上。骰子里的这些机关原始、简单，只能算是赌骗里的小儿科。据说还有利用红外线透视对方牌上的点子。也有隐蔽的微型设备，由参赌者带着，它获得的图像通过无线传输给在远处的同谋，后者再依靠手机提供给参赌者，参赌者就神不知鬼不觉地获得了对方牌上的信息。还有据说在麻将牌等的背面用特殊方法加上正面的信息，只有带上白光透视隐形眼镜才能看到。这些可能使人倾家荡产的怪招,一般人哪里有能力提防！听到后真让人不寒而栗。

a18－07　“眼见为实”的纸牌赌骗

电视上偶尔会见到揭穿扑克牌赌骗的节目。类似于变魔术的那种手法,就可以做到随心所欲地打出需要的牌。依靠这种手法的行骗者,会先让对方赢一些钱,等到赌注出大后,再出大牌,使对方输掉大笔的钱。这类节目的表演者一步步演示,以揭穿这种诈骗的手法,但往往使人看得眼花缭乱,看过后也记不住。所以结论是:不赌为上策。网上曾报道有人惯于用此类手法行骗,有一次被对方揭穿,遭到断去手指的报复。此后他终于悔悟,常现身说法,向人们揭露这种诈骗手法,以免上当。

a18－08　从因无聊玩牌到输掉住房

20 世纪初,浙江某地,一个妇女因在家里感到无聊,常与熟人打麻将作为消遣。只要不赌钱,这原是一种十分普通的娱乐方式,无可厚非。为了增加刺激,有人常会赌些小钱。开了这个头,往往难以把握住。如果越赌越大,又输得多,那更可怕,一些小说中常用“输红了眼睛”来形容。越是输,就越想翻本,从而就陷得越深。这个妇女不幸走上了这条路。为了还赌债,也为了翻本,她瞒着丈夫暗地里把自家的住房抵押了出去。可是厄运偏偏盯上了她,最后连这住房也输个精光。到了这一步,纸再也包不住火了,不难想象,这时候的情况犹如比萨饼掉到了地上——满地狼藉。

a18—09 独处女孩遭横祸

2014 年 10 月上旬,某地的一处群租房内,有一个 25 岁的男子赌博输了好几千元,变得身无分文。他正愁缺钱之际,见到同住该处的一个 18 岁女孩独自在一间房内,便向她借钱。因为平时只是点头之交,女孩不肯。他便以暴力威胁,逼她交出了信用卡与密码。想到女孩会告发此事,便索性下毒手将她掐死。不久用她的卡从银行里拿了几百元,又去赌博。警方通过排查,很快破了案。此事告诫世人:赌博会毁灭人。

a19. 诈骗(35 条)

a19 诈骗 目录

(人为造成的伤亡和财物损失尚见 a03 妇女、a04 青少年、a08 学校和 a20 案例。车祸造成的伤亡见 a06 出行。)

a19

a19—01 糖果陷阱

2006 年 6 月初,有些地方出现了使用糖果的诈骗案,行骗对象是小孩或青年。通过外出偶然碰到时的随便聊天,受骗者不经意中说了自己家里的电话,并在此时吃了骗子给的糖果。回家后身体开始感到不适时,骗子来了电话,说是已吃了有毒的糖果,只有他才有解药,并以此来勒索钱财。实际是糖果外面包了一层镇静剂,只要去医院就可解决。

a19—02 装神弄鬼行骗

2006 年夏天,某地有一个人,因腰痛长久不愈,便请人驱鬼。骗子用三根筷子直立于有水的碗底,说有鬼在作祟。接着用火引燃吊着铜钱的棉线,棉线燃烧却不断,进一步表明有鬼存在。实际这是浸过盐卤的缘故。如此骗得别人相信后,便开始装模作样驱鬼骗钱。科学知识缺乏,就给骗子以可乘之机,结果是钱被骗走,治病又被贻误。

a19—03 抓狐狸精

2006年的一天，某地，一个骗子打听到某村有人久病不愈，便自己上门，装作觉察到了有狐狸精在作怪，说他可以驱妖治病。他此前先用明矾水在纸上画了一只狐狸，干后就看不到。然后将纸在众人面前浸入水中，画的狐狸显现，以此证明其存在。又用酚酞遇到碱性溶液变红色的特性，模拟打伤狐狸精后出现的血手印。再把这张纸浸入酸性水中，酚酞变成无色，使这“血手印”消失，说是已赶走了狐狸精。如此骗走了病家不少钱，又耽误了治病，直到骗子走远后，这人家才觉察而报案。利用化学实验中的一些现象进行迷信诈骗，并不罕见。人们看后，一时间往往不会明白其中的道理，但只要不信鬼神，有病去医院看，就不会上当。

a19—04 牙膏里的奖券

2006年8月初，某地有一个妇女，在一家超市里买了一支牙膏，回家打开后，发现里面有一张20万元的奖券，领奖地址是在北京。她便打电话询问，得知须先交 2000 元公证费。她起疑后问那超市，超市了解到该牙膏生产厂并未设此奖项，自己仓库的存货中也无此奖券发现，监控录像中也未查到有人做手脚，究竟哪个环节塞入了此骗人奖券不得而知。

a19—05　住房无声中飞走

10 年前，浙江某地，一个妇女将房产证与身份证交给了她的外甥，委托他去有关部门办了手续。当时房子价值 18 万，到了 2007 年初，已增值至 80 万。但她此时才发现，房子产权早已是外甥的了。在另一案中，房主一度想出租住房，当时房产证被中介公司拿去，说是办理手续需要。等到后来发现房子已属于别人时,方知自己手头的房产证已经变成了假的。

a19—06 众骗子搭档买电脑

2007 年 7 月,浙江某地,一家电脑商店,被三个骗子设局以 5500 元假钞骗走了一台笔记本电脑。几个骗子一会要买,一会又不要买,如此反复了三次付款手续。店家两次用验钞机点了钞票,第三次未点而被骗。

a19—07 一起换钞骗局

2011 年 12 月初的一天,某地,一家商场的收银台前来了一个男青年,要求女柜员调换一张 100 元钞票,上面要有三个相连的数字“8”,准备送给他的女友。那柜员答应后,便帮他从整叠钞票中逐张寻找。过了一会儿还未找着,他便提出要帮她找,她便拿了一沓钞票给他。找了不一会儿,他失去耐心,把钱还给了她,说不要找了,随即离去。但没过多久,她就发现还给她的钱中少了 5000 元,便报了警。幸好该处安装了监控设备,此案迟早会告破。热心的女孩碰到了邪恶的骗子,只有从教训中积累处世经验了。

a19—08　购买冬虫夏草的骗局

2011 年 12 月初的一天,某地一家中药店内,进来了一个男人,穿着显得十分阔气。他声称要买冬虫夏草,店员随即拿出样品给他看,并告知选定的量要 5500 元。这相当于当时该地低工资打工者三个月的薪水。这顾客十分爽快,立刻付了这笔钱。正当店员为他包扎药材之际,这男人的手机来了电话,说所购虫草的托购人不要了,店员就把钱还给了他。但不一会儿,这男人又接到了需要购买的电话。于是他又给了店员所需款项,拿了包好的虫草随即离去。过了不久,店员发现这男人所付的钱全是假钞,此时他早已不知去向。

a19—09　百元钞两张当一张

2007 年 7 月的一天晚上,某地一辆出租车在到达目的地后,乘客拿出一张 100 元钞票,叫司机找。司机一看竟是两张百元钞叠在一起,便假装不知,当作 100 元很快给了那乘客找头。不料事后拿到光线明亮处一看，两张都是假钞。看来那骗子对一些人贪小的心理是摸透了。

a19－10 扑克牌里的诈骗

2008 年初，浙江某地，一个中年人精于扑克牌技巧，热心在众人面前揭示可能存在的诈骗手法，以说明十赌九诈的实质，规劝人们戒赌。看过这种表演的人都相信耳闻为虚，眼见为实这句话，在精于这种技巧的人面前，哪怕许多人眼睛死死盯住其每一个动作，却无一人能看出破绽。

a19－11 网上借钱

2008 年 4 月初，编者在杭州的一个友人碰到了一件怪事。他的 QQ 聊天窗口内，有一不甚来往的聊友，在清明节上一天，突然声称因为急用，要求汇 600 元。友人觉得此事有点不合常理，便婉言拒绝。事后听到了多起与此类似的骗局。骗子利用木马病毒盗取甲方 QQ 号的登录密码后，便冒充甲方登录，与其聊友乙方聊天、借钱，甚至同时播放先前录下的甲方视频录像,使乙方更加相信。若碰到这种情况,只要在汇款前先与对方通一次电话核实,骗局就立刻拆穿。

a19—12　路上的借钱骗局

2012 年 3 月底,某地有一个妇女,在驾车途中,遇见有人向她招手,便停车了解。此人自称丢失了钱包,不能回南京,欲向她借钱,并出示身份证,言明到达后一定汇还。她借了他 500 元。但两天过去,并无回音,后来去电话问,对方干脆不接了。她上网查此人名字,方知他如此行骗已有多次,于是便在网上发了此帖,希望别人不要再上他的当。

a19—13　只卖 4000 元的金元宝

2008 年 10 月中旬,某地,一个妇女路上遇见了两个外地女人,恳求她买下几个金元宝。她们出示一份遗嘱,表明这些金元宝是祖上留下的,因为要急于回家,没有路费,愿以低价出让。这妇女听后深信不疑,便带她们去一台 ATM 机前取款。但事后发现这些金元宝无一是真货,她便报警求助。警方从

ATM机上的录像中，取得了骗子的照片，最终骗子皆被抓获。

a19—14 买高级白酒的高级骗局

2010年7月底，一个顾客来到某地一家餐馆，要求预订酒席。说有许多客人要来，要准备高级白酒多瓶。店家见大生意上门，自然不敢怠慢，随即带了10000元与那人同去一家商场买酒。但买好后一算，钱还不够，店家便叫那人等在柜台旁，自己再回店中去取，那10000元尚在收银员手中。待店家走远后，那人说不买了，便向收银员要回了钱后离去。后来店家回到商场，方知上当，但为时已晚。店家要求商场赔钱，商场不同意。如此纠纷，实在不易解决。

a19—15 用钥匙换电线

2010年7月底的一天，某地的一家五金电器商店，来了个买电线的顾客。他买好后说忘了带钱，随手就把一个钥匙放在柜台上，用手指着远处的一辆轿车，说这是那车子的钥匙，因工地上急需用电线，想先拿走，过一会儿再来付钱，暂将钥匙押在这里。店主因这卷电线只值几百元，便答应了，但那人就此一去不返。后来得知押下的是电动车上的遥控器钥匙，它看起来与汽车上用的相同。

a19—16　如此“招聘”打字员

2010 年 7 月底，在杭州的杨姓青年想找份工作。这天见到招聘打字员的广告后，就进行联系。对方先以种种理由要求交 200 元，小杨随即照办。但不久对方又以新的理由要求再交 500 元。如此重复到第三次要交 500 元时，小杨起疑报警。后来查知对方是一骗子。

a19—17　搭档“抓赌”

2010 年 7 月底，某地一个单位宿舍内，因准备看电视上的球赛，聚集了一些人。此时有人提出先赌一回，这个主意马上得到了大家的同意。但赌了没有多久，就有人进来，扬言要抓赌。其中一人拿出了几百元求息事，其余人也只好效仿，一场风波就这样过去。实际上这是数人串通的合骗，他们已如此行骗多次，且屡屡得逞，后来其中一人因其他罪行败露，交代时才带出了此事。

a19—18　廉价机票成天上馅饼

2010年8月初，某地，一个妇女看到网上订购去北京的往返机票，只要530元。觉得在这暑假期间，是学生的旅游旺季，如此便宜的机票实在难得。又看到订票电话是400开头，认定是大公司，便向对方账号汇了款，但此后对方就一直关机。实际上400开头的号码个人也可申请。

a19—19　可怕的婚骗

2010年8月初，一个20多岁的男子在某地打工。因与妻子的上班时间不同，日子一久，两个人逐渐变得疏远起来。后来妻子回老家居住，他更感到无聊，便常常上网聊天，不久就结识了一个已婚的妇女。两人见面后，关系有了进一步发展。那妇女提出要他与妻子离婚，他照办后，两人便同居在一起。期间那妇女多次向他要钱，半年内共达十多万元，声称是还债。但有一天，她突然卷走了住所内的一些东西后离去,并留言要分手。她实际上并没有和原来的男人离婚,从而弄得此人人财两空。

a19－20　借用银行卡的女骗子

2010 年 11 月初的一天,一个涉世不深的女孩遇见了两个陌生妇女。她们自称是从新加坡来做生意的,有一客户将有一笔汇款打入自己的账户,但不幸手机与银行卡皆已丢失,所以想借女孩的卡用一下。女孩答应,并告知了该卡的密码。她们就到附近银行取走了女孩的钱后逃掉。虽然 ATM 机上这两个骗子的录像已经留下,但不等于就一定能顺利逮到她们。

a19－21　壮阳药引生的邪念

2010 年 11 月,在浙江某地有一个外省妇女发现其夫在服用壮阳药后,会出现昏睡现象,便生敛财邪念。她诱人开房,然后以此药让人服用后,窃取对方钱财。如此作案多次后,最终被警方抓获。

a19－22　冬虫夏草造假奇招

全世界的虫草共有500多种,但能作为补品供应市场的,只有生长在青藏高原的品种,至今无法人工培养,所以十分珍贵。随着人们需求的日益增加,它的价格不断飙升,于是出现了形形色色的假品。有的用其他菌类粘接成需要的形状,有的甚至在内部灌入了剧毒的水银以增重。所以这种补品应该去正规的药店购买。

a19－23　舞池遇帅男

2010年冬天,浙江某地,一个年过半百的妇女,在舞厅认识了一个20多岁的帅男。此后不断收到他发来的短信,说如何喜欢她,于是两人关系进一步密切。不久那人称做生意不顺,开口向她借钱。她一再满足他的要求,以致后来从别处借了钱给他。如此一年下来,借钱已达40多万。她逐渐生疑,终于报了警。后来查知此人是一骗子。

a19－24　照片敲诈案

2014 年 9 月的一天，浙江某地，一个女孩在路上偶然遇见一个男孩，两人熟悉后就变得十分亲密。此时男孩提出了进一步接触的要求，并答应给以高额报酬。女孩信以为真，便脱衣满足了对方。不料那人得到她的裸照后，立即向她敲诈钱财，扬言若不答应，就将照片在网上公布。此时女孩方知受骗，便向公安局报了案。

a19－25　以假乱真的电话充值

2010 年 12 月初，某地，一个自称是电话公司的人，到居民家里，进行电话费充值上门服务，并说有优惠。他收了主人的充值费后，就当面打电话加以证实。电话显示为 10086，并听到已充值多少元的声音。他也给出了盖章的收款单据，然后才离去。但事后主人再用电话查询数额时，发现根本没有充过。这种以假乱真的骗局，是软件上做了手脚的缘故。

a19－26 冻结被骗走的存款

2014年9月底的一个早晨,某地,一家私营企业的女出纳在单位里收到了老板的手机短信,要她马上将100多万元汇给一个指定账户。她不假思索就办好了此事。后老板来到单位,她问起刚才的汇款,方知短信是骗子所发,便赶紧给汇款的账号乱输密码三次,使该账号冻结24小时不能取款,然后报警,从而避免了重大损失,最终也抓到了骗子。

a19－27 瞬间钓走200万

2010年10月,某地,一个妇女向一家银行贷款200万,办了银行借记卡,开通了网上银行,还绑定了银行密令,以确保账户安全。12月初,她收到了一条短信通知,说密令即将过期,要求登录指定的网站进行升级。她随即照办,在该网站上输入了账户、密码与动态密码,但网站一直提示密码错误。不久她收到了银行短信,说申请的200万元贷款已发到她的卡内。随后她发现这笔贷款已被全部转走。网上银行支付方式带来交易上很大的方便,但既然用了它,就应设法充分了解如何防骗,以免瞬间造成财产的巨大损失。实际上,对于初次接触这种新东西的客户,如果突然看到一张有关的密密麻麻的文字说明,要处处理解,吃透其意思,以免忽略掉重要信息,往往觉得力不从心。等到出了事,这书面说明或合同却是对方的一张免责声明,此时客户是欲哭无泪,只能自认晦气。这种事件有时也会在人们购买房屋、汽车或保险时发生。

a19—28　花500元看单口相声表演

2011年初的一天,某地的一家小店里,只有一个年轻的女营业员在,当时进来了两个男子,声称是来结账的送货员,要女孩付款。他们要求女孩先与老板接通电话,然后直接与他谈。女孩接通后就给了他们手机,于是他们表演了一场"单口相声"后关机,接着要女孩支付了500多元。他们离开后不久,老板回到店里,女孩一说起此事,方知受骗。

a19—29　网上银行的账户升级

2011年初的一天,杭州某地,一个人的手机上收到了网上银行账户的升级通知。他便按告知的网址打开了网页，输入自己的账号与密码，但此后存款很快被盗走。实际上他是登录了骗子的钓鱼网站，把自己的账号与密码告诉了对方。钓鱼网站的网址往往与银行官方网站十分相似，须仔细检查其差别，核对对方的电话，才不会上当。同样，在网购物品时，如果对方是骗子而非真正的网店，在你下订单后，对方会提供一虚假的支付宝网页，它的网址与真的只差了一个字母，如果不仔细检查就输入账号与密码，网上存款就会被瞬间盗走。

a19—30 安全账户

2010年前后，杭州不少人家里常常会接到这样的电话，来电一方说是法院或公安局，由于该人家牵涉到一桩案件，为了防止银行存款被盗走，应该赶快转入到他们提供的安全账户中，而且转账时不能告诉别人。如果这样做了，也就等于立刻把钱双手送给了骗子。尽管到后来这种骗局几乎无人不知，银行外面也有醒目的告示，还是不断会有人上当，这种人真是孤陋寡闻到了家。如果来电时问对方要找哪一个，或者犯案人是谁，西洋镜马上就被拆穿。当然对方也有可能事先知道该人家主人的姓名,此时就更容易上当了。

a19－31　财会人员被骗记

2013 年 7 月中旬,某地,一个女财务人员突然接到一个电话,对方声称是公安局的说她的电信宽带上网账号已被人盗用作为赌博平台,要她赶快把存款转到对方提供的安全账户中去,并要她查询某公安局号码后报告此事的情况。一定是带着惊慌与怀疑的心态,她查到了自己居住地区所属公安局的电话。正欲拨打时,突然电话铃响了,来电显示就是这个公安局的号码。对方说的内容也与前一电话的相符。至此这位财务人员深信不是骗局。于是几天内陆续向这账号转了 300 多万元。直到单位领导得知后,她才报警。能骗得财务人员团团转,骗术是够高明的。骗子得逞的关键是他们的团队协作行骗,以及使用了人们还很陌生的改号器。用了改号器后,行骗时打给对方的电话可以显示成公安局的。如今防诈骗宣传已是铺天盖地,作为一个专业的财务人员,如此容易上当,实属罕见。

a19—32　可比埃博拉病毒的电话改号器

骗子依靠不为人们熟悉的电话改号器，冒充公安局或者法院，得以在电话上进行诈骗。想必这软件刚出现时，一定是屡屡得逞，危害极大，别人辛苦一生的积蓄，可能瞬间消失得无影无踪，真可比埃博拉病毒那样凶猛害人。

2011年12月初，某地，一家企业的女主管接到一个长途电话，对方声称是福建某地公安局，说她的身份证信息被坏人盗用，办了一张假身份证，再利用这假证办了一张信用卡，坏人靠这张卡在洗黑钱。电话声称此案正在缉查中，要求她赶快把钱汇到公安局提供的安全账户中，以得到保护。她从114电查询话得知，来电正是公安局的电话，从而深信不疑，便尽数把190万元汇到了这个所谓的安全账户中，这笔钱很快消失得无影无踪。显然，若非这改号器显示了公安局电话，她是不可能上当的。据说经过改号后的电话号码，来电显示时前面还有一个加号。如果利用这来电显示的号码回拨，或直接打从114问来的电话，就不可能搞错。

a19－33 险失巨款的老妇

2014 年夏的一天，某地一家银行来了一个老妇，说要汇 20 万元巨款。出于责任心，银行工作人员向她做了详细了解，得知她是看了一张集资办公司的广告宣传，说投资后将来有诱人的高额回报，所以来汇款的。听见如此荒唐事，工作人员便耐心做了解释，告诉她很可能是骗局。她听后便打消了念头，随即离去。不料到了傍晚时分，这老妇又来银行坚持要汇款。银行便向警方求助。岂知她得知后非常生气，更加听不进劝告。幸亏细心的警察发现收款方是个人账户，而非集资的那家公司。她知道这点后，才放弃了那发财梦。无论怎么低级的骗局，总有人会上当。

a19－34 骗走小孩的女骗子

2011 年秋，一个抱着 1 岁小孩的外省妇女在某地的一家童装市场里，认识了一个老乡。她们年龄相近，两人认识后显得很要好，分手时还相互留了电话。过了不久，这个老乡便约她出来逛街，期间还买了几瓶水给她解渴。水喝多后自然会感到内急，于是她把小孩交给了那个老乡，要求暂时抱一下，自己去找厕所。但等到她上好厕所，回到等候的地点时，那老乡和自己的小孩早已不知去向。她赶紧打电话寻找，电话打通了，对方回答说在给小孩买零食。但久等不见他们回来，再打时对方已经关机。这时她才意识到那女人是个骗子，便报了警。公安局在第二天就确定了骗子的去向。等到她抱着骗到手的小孩，高高兴兴地回到老家时，那里的警察已经在等候了。如今监控探头无处不在，那些图谋不轨者如果早想到这一点，就不会干这种勾当了。

a19

a19－35　冒充煤气公司人员上门

2012年夏天，某地，一个外省来打工的青年，曾经给一女子家里的洗手间做过装修，了解到她是单身。他便伙同另一老乡，企图上门劫财。他们在电话中谎称自己是煤气公司的，检查煤气使用情况。由于女主人用的是瓶装煤气，这点就引起了怀疑。在上门前，他们将室外的电源开关断开。但主人熟悉电路情况，叫他们在门外检查。电源恢复后，他们在门外看到女主人一直在通话，知道有所防备，又因女主人坚持时间太晚，要改日再查，只好作罢。两人劫财不成不甘心，几天后，他们翻窗入内，偷走了她的笔记本电脑。后来两人因多次作案而被抓。原来此前他们也闯入过另一单身女子家，实施了劫财与强奸。

a20. 案例(14 条)

a20 案例 目录

(本目录不包括非人为造成的伤亡和财物损失案例,人为的各种案例尚见 a03 妇女、a04 青少年、a08 学校和 a19 诈骗。车祸造成的伤亡见 a06 出行。)

a20—01 妒富竟行凶

2006年5月底,某地警方破获了一起夫妻、儿子一家三口被杀案。作为凶案现场的房间,警员侦查前已有旁观者进入过,证据难找。但警员发现阳台上的花盆有被动过的痕迹,也看出隔壁邻居,可以从阳台进入该房间。由这些疑点进一步深入调查,终于发现了该邻居正是凶手。案犯招供,仅仅是因为妒忌隔壁家的富有,而下此毒手。妒富竟会至此,真是印证了"财不可外露"这句古话。

a20—02 热恋中横生的悲剧

2006年7月,某地发生了一起罕见的凶案。一个韩国男孩与一个泰国姑娘同在北京某大学读中文专业,两人认识后深深相爱。不久男孩回国读大学,姑娘在中国某大学继续深造。放假时,男孩去那里与她会面。此时热恋中的姑娘坦诚告诉了他自己前男友的情况,并说在电脑中留有他的照片与信件,说只是作为留念而已,但男孩却因此起疑而发生了争吵。男孩欲吻她,姑娘不从,他就用电线扣住她颈部强吻,不料姑娘因呼吸受阻而窒息死亡,酿成了无法挽回的悲剧。

a20－03　小处不让成大祸的命案

2005 年,某地发生了一起少女被分尸抛江的命案,罪犯共五人,皆不满 20 岁。凶案起因于两个女孩一句话引起的口角。受害人在舞厅跳舞时,未接陈姓女孩的电话,纠纷因此而起。后陈某打伤了对方,被公安局罚款,因此怀恨在心,伙同其余四人行凶。陈某从小父母离异,缺少照顾,后来又独自居住,这应该与犯案有一定关系。如果青少年心理与生理上的成长过程中,缺少关爱与引导,在复杂的环境中任其自然发展,难免滋长某些缺陷与阴暗面,在一定条件下,会发作而酿成大祸。

a20－04　校园血案

2006 年 6 月,某地的郑家夫妻两人,因为都已退休,便与在念中学的儿子一起迁至某繁华城市,小郑进入那里的中学后,成绩优秀。当时他班上的班长是一个姓汪的女孩,长得楚楚动人,受到小郑与另一个周姓男生的追求。小周因家里富有而具优势，但一度疏远小汪。小郑乘机加紧追求，不久两人有了密切的关系。后来小汪由于小周对她的重新追求，对小郑逐渐冷淡起来。小郑顿生妒意，于是他把小说与电影中看到的艺术夸张情节自以为是地拿来套用，上演了一场无与伦比的蠢人戏。他在厕所里将小周连刺数刀后，再回到教室吻过小汪，然后自杀。结局的悲惨是可想而知，小周因此丢了命，小郑被救活后服刑、赔款，小汪一家迁居外地。不难看出，少年的校园恋爱，轻者可能影响学习，重者可能成为脱缰的野马，闯出大祸。

a20－05 毒女凶案

2012 年 4 月，某地一个 20 多岁的女孩与 60 多岁的男人发生感情纠纷，暗中用安眠药令他昏睡后，将他掐死。随后叫来别人将尸体抛入运河。几天后尸体上浮，警方发现后，对比掌握的失踪居民报案资料，很快确定了嫌犯，不久她在河南某车站被抓获。嫌犯往往既凶残又无知，如果让他们事先知道如今破案的手段有多先进，恐怕许多人就不会去冒这个险了。

a20—06　因失恋而走极端

2012 年 6 月，某地一个 19 岁的男孩在室内将 21 岁的女孩用刀捅死，后打 110 电话，等警察来抓他。女孩长得很美，这天提出要和他分手，一怒之下，他便走此极端。这种事情虽不多见，也不是绝无仅有。自然是一时冲动在先，无限悔恨在后。

a20—07　打工无着就抢包

2006 年秋，广西某地，一个外地来打工青年因一时找不到工作，便于晚上躲在僻静处，伺机抢劫。此时一女孩逐渐走近，他窜出以刀威胁，将她刺伤倒地。听到女孩的呼救声后，住在附近的三个男人出门前来营救，最后将此人抓获。外地青年因工作无着，一念之差而抢劫路人拎包的案件有过多起报道，其中也有刚大学毕业的学生，真使人惋惜不已。外出谋生，往往举目无亲，所以事先必须考虑缜密。万一碰到这种尴尬情况，就须牢牢把握自己，即使求乞，亦强过抢劫。事实上，许多地方都有救助站的。历史上吴国名相伍子胥与明朝开国皇帝朱元璋，都是讨过饭的，而抢劫是大罪，抢一只拎包和抢银行一样，都是犯了抢劫罪。此外，在作案时往往会发展成行凶，罪行便进一步加重。

a20－08　行窃不成变行凶

2010年底，春节临近，小偷入室行窃的案件增多。一天夜里，某地的一个小偷进入一人家房中后，因偷不到东西，又进入另一房中，那是主人夫妻俩的卧室。主人惊醒，小偷便拔刀行凶。结果妻伤较轻，夫伤重住院。

a20—09　金项链如此送人

2010 年底,有一男一女来杭州一家旅馆开房,两人是途中偶然认识的。那男子说自己对金饰物敏感,女子便在入浴室洗澡前将金项链取下。但待她洗好出来,男子与项链皆已不见。

a20—10　ATM 机上小偷加装的摄像头

2010 年 3 月初,杭州某处的一只 ATM 机上,被小偷加装了摄像头。有一个人去那里取款后,就不断收到银行的手机通知。等到发觉后采取措施时,累计已被窃走了十多万元。小偷安装了无线传输摄像头,取款人输入密码时,他躲在附近接收,此后就将取款人的存款很快窃走。如果取款人操作时用手遮住键盘,密码就不至于被盗。

a20—11　为减肥而吸毒

2012 年 6 月底,某地,一个读医的女研究生怕身体变胖失去男友,便开始吸毒,希望以此来减肥。

岂料吸毒后体形变得更差。由于吸毒缺钱，进而参与贩毒，直至案发被捕。若将天下荒唐事排序，它当名列前茅。

a20—12 百亿富翁遭绑架

2014年8月的一天，一个百亿富翁从美国回到台湾时，被他的私车司机在接机时绑架，当时还有两个歹徒参与。他们将富翁绑架至一家旅馆后，不断施虐威逼，直至后来与受害人之子取得电话联系。等到在电话中谈妥了赎金数额与银行取款要求后，歹徒便将富翁杀害。一般在歹徒行凶作恶之后，也就是自己厄运开始之时。两个帮凶很快被警方抓获，主犯一分赎金未得，就仓皇逃至泰国。他能够胆战心惊地躲过一阵子，但被抓是早晚的事。

a20—13 彩票输后起歹念

2014年夏，江苏某地的一个19岁青年，因买彩票输了钱，手头拮据，便生抢劫之念。他伺机将一个去火车站途中的女大学生杀害，然后劫财埋尸。被害人家中因多日不见其人，就报了警。警方经过周密调查,此案最终告破,凶手落入法网。

a20-14 银行卡存款无端被窃

2014 年 8 月底,某地有一个妇女,银行卡中的数万元存款短时间内被人取走。此时卡还在自己身上,只是根据手机上银行发来的短信,才得知此情况。在向银行核实存款确被窃取后,她报了警。后来查知,存款是在外省某地的 ATM 机上被取走的。对这一离奇的存款失窃,银行工作人员认为,是该女士用此卡付款时,经过了别人之手,此时卡就可能被复制。再有就是,她在输入密码时被那人看到,从而具备了全部作案条件。这女士经此提醒,回忆起有一次去咖啡馆时,可能发生过这种情况。这一事件所得的教训,对大家实在是太重要了。

a21. 阳光地带与温馨世界(11条)

a21 阳光地带与温馨世界 目录

a21 阳光与温馨无处不在

杭州西湖的景色，不论是阳春时的繁花似锦，碧波翠峦，还是寒冬时的银裹素装，不同季节的湖光山色，淡妆浓抹，各具特有的秀丽，都能使人心旷神怡。下面介绍的事迹，有的是坚忍不拔，勇于面对逆境，战胜困难，给人以鼓舞。有的是助人为乐，自己过着简朴的生活，把辛苦挣来的财富用来不断地帮助别人，感受雪中送炭的快乐，这也就是他们所期盼的回报。看了这些人乐善好施的事迹，好像来到了世上乐土，人间胜境。感佩之余，一时间也容易忘却自己各种各样的烦恼与焦虑，恰如身处湖光山色的美景之中。

大家的记忆中，都有不少出类拔萃、值得敬佩的人和他们的事迹。这样的人很多，他们的事迹都是那么感人。下面介绍的几个事例，不能说是最突出的，不过却是更接近大众的，希望因此而更有影响和感染力。

a21－01　坠楼婴儿与最美妈妈

2011年7月初，杭州某地，一2岁女孩在家里的小床上睡醒后，见大人不在，便爬到大床上，再由大床爬到靠近窗口的床头柜上，结果从10楼窗口跌了下去。此时正好一30岁出头的妇女在楼下不远处，她奋不顾身地奔至窗下，用双手去接那女孩。结果她左臂骨折，女孩多处受伤，保住了性命。后来经过医务人员数个月的悉心医治护理，两人都恢复得很好。那奋不顾身的妇女事后被誉为“最美妈妈”，得到社会上的一致好评。

a21－02　坠楼少年与最美叔叔

2012年1月底，黑龙江省某地，一个15岁少年在5楼窗口放鞭炮时不小心坠楼。一青年看到后赶过去用双臂把少年接住，两人倒地昏了过去。后来送医院抢救，幸好皆伤得不重，无生命危险。事后这个青年被誉为“最美叔叔”，被媒体广泛报道。人们除了对他忘我的英勇行为感到由衷的敬佩外，更希望那些有小孩的家长能从中吸取教训，采取切实的防范措施,不要让这种事件一而再再而三地发生。

a21－03　失控汽车与最美女教师

2012年5月上旬的一天晚上,北方某地,一个年轻女教师看到几个晚自习结束的学生正走在前后两辆汽车的空隙之间时,突然后面的一辆由于受到其后失控汽车的冲撞,正在往前移动。在这千钧一发之际,她完全忘记了自己,立刻冲了过去,将学生推了出来,以免受到伤害。结果她自己被车轮碾压过身体,严重受伤,最终高位截肢。她年仅20来岁,人生道路还没有走了多少,为救别人而遭此不幸,使人感佩之余,不由惋惜与痛心。她被人们誉为最美女教师。

a21－04　飞铁入车与最美司机

2012年5月底的一天中午,一辆从无锡驶往杭州的大客车上,一块突然飞来的大铁片破窗而入,向司机砸去,导致他严重受伤。他忍住疼痛,强行支持了1分多钟,将汽车慢慢停靠在路边,保证了大家的安全。他入医院三天后,终因伤势过重而无救。他先人后己的精神使人敬佩,他被人们誉为最美司机。

a21—05 夫妻投河老人救

2012年4月的一个晚上,杭州贴沙河边,一对中年夫妻争吵不休。不久妻子跳河,丈夫见状立即下去营救。但他不会游泳,便在水中大喊救命。此时从人群中闪出一个50多岁的老人,他跳入河中后,将两夫妻一手一个抓住往岸边游。不久救护人员赶到,把夫妻俩及体力逐渐不支的救人者拉上了岸。女人投河,男人下去救,结果男人丧命,女人被他人救起的事例,听到过多次。这次幸亏都被救起,但愿这种事情莫再出现。

a21—06 难得的保姆

2006年8月,一个从江西来的妇女在某地一户人家做保姆。她因家里男人重病致贫,出来谋生挣钱。不料后来她的东家也因重病变穷,于是她不拿工资继续照顾这老人达半年之久。不久,由于江西家里的男人病情加重,儿子来电叫她回去,她将东家老人也带回江西老家照顾。

a21－07　韩国阳光老妇

2010 年 9 月初，韩国有一个 60 多岁的老妇从 2005 年起考驾照，不幸屡考屡败，却一直坚持。经笔试 900 多次和驾车考试 10 次后，终于获得通过。此事引起轰动，一家汽车公司决定送给她一辆新的汽车作为奖励，并聘她作为此车品牌的代言人。

a21－08　分外援助弱者的刑警

一个从外省农村来的中年妇女，在某地谋生，不幸于数年前在出租房内遇害。获悉她留下三个女儿在老家生活无着落，侦查此案的一个刑警带头资助，随后同事、邻居、朋友也跟着响应。一晃六年过去，到了 2006 年，在他们的资助下，大女儿完成学业，找到了工作，其余两个女儿也考上了大学，使人感到一片温馨。

a21－09　讲究诚信的弱女子

某地有一个 40 岁的建筑包工头，不幸于 2002

年因车祸去世，留下几百万元的债务给一个不曾经手过丈夫业务的弱女子。业务中有的是发包方欠这家人的，有的是这家人欠别人的。此外，还有一个儿子和公婆要她照顾。有人劝她，丈夫生前的欠债就不要还了，人家不会拿一个弱女子怎么样的，别人欠她家的钱能要回多少算多少。但她此时表现出的坚强与诚信，让人感到钦佩，从而在揽生活与讨还欠债上得到了大家的支持，仅三年多时间就归还了大部分欠债。这说明只有坚强地面对现实，才有可能走出困境。

a21－10　中国台湾卖菜阿婆的善举

中国台湾某地，一个卖菜妇女将所得的收入资助学校和贫困儿童，20 多年如一日，累计已达 1000 多万台币，自己却过着十分简朴的生活。2010 年，这一善举消息传到美国，受到媒体的大加赞赏，她被福布斯杂志评为亚洲慈善英雄。

a21－11　使人感佩的助人行为

1995 年秋天，某地，一个 40 岁的中年人正在为家里的基本生活来源奔波忙碌。这一天,他去一个村里收购苹果,中午在一个农民家里吃饭时,看到了不寻常的一幕。这家的男孩刚刚收到了大学录取通知书,由于没有钱上学,娘正抱着儿子落泪,他触动很大。当即他连苹果也不收了,把身上的几千元钱都给了那男孩作学费,并答应继续支持到男孩完成学业。也就是这一举动,他从此走上了为慈善事业辛劳之旅。很长一段时间里,他住着用报废集装箱改装的房子,把开小餐馆赚来的钱,都捐献给了公益事业。

a21—12 教子有方的母亲

2008年,某地有一个妇女,被作为当地优秀人物在传颂。她靠卖报为生,家里有一个儿子在上学。有一天,她儿子在逛超市时,看到一个顾客在收银台旁掉下一张钞票。待那人离开后,他上前捡起一看,是一张50元大钞。后来他就拿去买了一辆玩具坦克带回家,趁他母亲不在时拿出来玩,平时就藏在被窝里。不久那妇女发现了这玩具,追问得知来源后,便叫她儿子每天上学前早起一段时间,跟随她去卖报,一直到他挣足了这50元钱,然后把钱去交给超市，并说明过程始末。此事后来一传开，引发了社会上一片好评。这位妇女教子的良苦用心，可比古代的孟母。

a21—13　坚强的残疾女子

某地有一个女子，出生后手脚活动都有问题。由于当时家里经济困难，得不到及时治疗，以致后来成了终身残疾，胳膊不能弯曲，双脚不能落地。但坚强的意志，使她不断地刻苦磨炼，以致后来不但能利用双脚应付日常生活上的一些必需操作，甚至能穿针引线，能够绣花与键盘打字。如今她已有满意的婚姻，生有健康的男孩。所有这些，是和她的坚强与毅力，以及辛勤的付出分不开的。相比之下，那些一碰到逆境或些微挫折就要跳楼走极端的人，真该无地自容了。

a21—14　充满阳光的人生路

2014年9月，某地中学一个班级的同学会上，一个事业有成的企业家送给每个同学一部新上市的iPhone6手机。在上一年同学会上，他也送了每人一部iPhone5

手机。这位企业家在学生时代,由于学习成绩跟不上,曾被校方劝退。再如中国一个非常著名的网络企业家,他两次考大学时数学成绩都远低于及格线。高考落榜后,找工作也屡屡受挫。又如美国人引以为豪的大发明家爱迪生,只读了三个月小学。在学校里时,因为听力差,对课堂知识的接受能力跟不上别人,还向老师提各种各样古怪的问题,以致老师觉得他是个低能儿。无数例子表明,学习差决不等于能力差,也可能存在事业上的巨大潜力。所以作为一个学生,对自己应该充满信心。但这绝不是说学习功课不重要,而是应该尽力而为。有了知识,才能更好地开展工作。一定的知识更是立足社会所必需的。不难想象,在上面这些成功人士的创业过程中,他们敢于面对困难,不怕挫折,积极抗争的精神一定是非常突出的。